ゲーデルと
20世紀の論理学（ロジック）

田中一之［編］

❶

ゲーデルの20世紀

東京大学出版会

Gödel and Logic in the 20th Century ①
Gödel and his 20th Century
Kazuyuki TANAKA, Editor
University of Tokyo Press, 2006
ISBN978-4-13-064095-4

刊行にあたって

　今年 2006 年は，ゲーデルの生誕 100 年にあたる．19 世紀半ばのブールの仕事を近代論理学の出発点とみなすと，現在まで約 150 年の歴史のちょうど中間辺りで，20 代半ばの青年ゲーデルが不完全性定理を証明し，論理学(ロジック)に革命的転回をもたらしたことになる．

　『TIME』誌が発表した 20 世紀の偉大な科学者・思想家 20 人（組）に，アインシュタイン，フロイト，ライト兄弟らと並んで，ゲーデル，そして論理学(ロジック)に関係の深いテューリングとウィトゲンシュタインが選ばれた．近隣分野から 3 人も名を連ねたことは，20 世紀の科学や思想の発展に論理学革命がいかに重要な役割を担い，またそれがいかに高く評価されているかを示している．

　現代論理学の発展に寄与した人たちの多くは数学者である．ゲーデルは言わずもがな，ウィトゲンシュタインも流体力学という数学に近い分野から出発している．したがって，現代論理学の議論は否応なく数学的なのだが，数学の一分野に収まっているわけではない．ゲーデル自身，後半生は主に哲学を研究し，クワインやクリプキのように哲学サイドに立ちながら数理論理学に大きく貢献している研究者も少なくない．20 世紀の論理学(ロジック)の特徴はまさにこのような文理融合にあるのだが，このダイナミズムが文系・理系を分けたがる日本固有の文化のもとで敬遠や誤解を生む要因になっているとすれば大変残念である．また，この分野を「数学基礎論」と呼ぶ慣習が，わが国の論理学(ロジック)の健全な発展を妨げていると指摘する声があることも付言しておく．

　本シリーズは，ゲーデルの生誕 100 年を記念し，彼の仕事を基点に 20 世紀の論理学(ロジック)の歩みを振り返り，公平な歴史認識のもとで，現代論理学の核となる概念や事実を立体的かつビビッド (vivid) に解き明かそうという試みで

企画された．そのため，数学と哲学の両面から解説を与えるという編集方針をまず打ち立てた．幸いなことに両陣営からご理解を得て，各分野の第一人者に執筆をお引き受けいただいた．前代未聞ともいえるこの試みが成功しているかいないかは読者諸賢の判断に委ねるしかないが，本シリーズの刊行を機縁に，論理学(ロジック)周辺のさまざまな分野の間に新しい対話が生まれることになれば，編者としてこれにまさる喜びはない．

すでに論理学(ロジック)について一通りの知識をお持ちの方にも，初めてふれる方にも興味をもって読んでいただけるように記述を工夫しているが，なかでも次世代を担う若い人たちには，全巻を読みこなし，広い視野と正しい認識をもつ新時代のロジシャンになっていただきたい．そしていつか「21世紀のロジック」について，立派なシリーズが刊行されることを期待したい．

編　者

はじめに

　本書は，ゲーデルの生誕100年を記念して公刊されるシリーズ『ゲーデルと20世紀の論理学(ロジック)』全4巻の第1巻目である．第2巻から第4巻では，ゲーデルの三大定理をそれぞれの源流とする現代論理学の主要な分野（モデル理論，証明論，集合論）を扱うが，それらに先立って本巻では20世紀のロジック全体を鳥瞰し，また日本を代表するロジシャンたちの案内で研究現場の様子を等身大に観る．

　近年ようやくわが国でも，新しいロジックが大学初年級の教育で普及しつつあり，読みやすい啓蒙書の類も書店に並ぶようになった．しかし，その一歩上のレベル，つまり研究の雰囲気を伝えるような入門書，あるいは入門書と専門書の橋渡しになるような本はまだほとんど存在せず，その文献の空白を埋めるのがこのシリーズの役目である．執筆陣は第一線で活躍する研究者であるから，入門的な解説の端々にも最新の，あるいは未来の研究へのパースペクティブが伺えよう．

　本巻の構成は以下のようである．まず，「序」では，ブールからゲーデルに至るロジックの発展の様子を編者の私が簡単に解説する．19世紀のロジックをイギリスの代数的論理学とヨーロッパ大陸の数学基礎論に分け，1900年のパリの国際会議を契機にラッセルらがそれらを合流させ，20世紀のロジックが次第に建設されていくという図式にまとめた．

　続いて，第I部は，数理論理学者の田中尚夫先生と鈴木登志雄氏による明治以降の日本のロジック史である．とくに，ゲーデルの主要な仕事が日本に広まっていった（いかなかった）歴史的経緯が，著者の貴重な経験談と，豊富な歴史資料とともに興味深く語られる．第II部の付録にも関連の記事があ

るが，1930 年頃のドイツ語圏でのロジックの成果は意外と早く日本に入ってきており，1931 年に発表された不完全性定理については，すでに 1932 年に黒田成勝が詳しい解説を書いているのは驚きである．

第 II 部では，哲学者の飯田隆先生が，ゲーデルの不完全性定理が哲学に及ぼした影響について，とくに規約主義と機械論をめぐる 2 つの論争に焦点をあてて，歯切れの良い明解な解説を与えている．ここで注意しておきたいことは，ゲーデル自身の哲学的研究の多くが生前には未発表で，前世紀末にゲーデル全集の公刊を通してようやく公開され，これらの論争はいま新しい段階を迎えており，まさにホットなテーマになっていることである．最近のペンローズの議論に対する著者の批判的分析も快い．さらに，1930 年代に日本の哲学界が数学基礎論をどう理解していたかが付録に述べられる．

第 III 部は，ゲーデルと個人的な親交をもっていた竹内外史先生と，先生の門下生で現在日本ロジック界第一人者の八杉満利子先生が，数々のエピソードを交えて，それぞれご研究について語られる．竹内先生は，ゲーデルに招かれて，プリンストンの高等研究所に滞在したときの様子について，興味深い話を披露されている．八杉先生は，証明論，ダイアレクティカ，計算可能解析学という 3 つの研究テーマについて，分かりやすい解説をされている．

最後に，第 2 巻から第 4 巻の内容を題目だけ示しておく．第 2 巻は『完全性定理とモデル理論』，第 3 巻は『不完全性定理と算術の体系』，第 4 巻は『集合論とプラトニズム』．本巻で与えたロジック全体の骨組みに肉付けしていくのがそれらの巻の役割である．各巻各部が独立に読めるように配慮されているものの，ロジックの正確な知識を身に付けていただくためには，できるだけシリーズを通読していただくことを編者として切に願っている．

2006 年 6 月　編　者

目 次

刊行にあたって .... *iii*

はじめに .... *v*

序　ブールからゲーデルへ——20世紀ロジックの形成　　田中一之　*1*
　0.1　19世紀の論理学　イギリス編 *5*
　0.2　19世紀の論理学　ヨーロッパ大陸編 *10*
　0.3　ラッセルと『プリンキピア・マテマティカ』 *14*
　0.4　ヒルベルトのプログラム *19*
　0.5　ゲーデルと不完全性定理 *22*

参考文献 *26*

第 I 部　ゲーデルと日本——明治以降のロジック研究史
　　　　　　　　　　　　　　　　　田中尚夫・鈴木登志雄　*29*

第 1 章　高木貞治と数学基礎論——明治・大正期の先駆者たち *32*
　1.1　ゲーデル誕生の数年前，高木貞治が帝国大学を卒業した *32*
　1.2　集合と論理はいかにして日本にもたらされたか *39*

第 2 章　昭和初期の日本に届いたゲーデルの波紋 *47*
　2.1　ゲーデルがウィーンで学位を得た頃，日本人による集合と論
　　　理の研究が始まった *47*

2.2	不完全性定理	*51*
2.3	1930年代後半の日本における数学基礎論	*54*
2.4	ゲーデルの1933–40年の動向——横浜経由での渡米	*58*
2.5	ゲーデルの記述集合論と近藤基吉の定理	*61*
2.6	数学の図書も疎開した	*68*

第3章　赤い本とそれ以後のゲーデル——大戦末期から1960年代まで　*70*

3.1	戦時下の旧制中学校の回想	*70*
3.2	赤い本の邦訳	*72*
3.3	1940年代中頃から後半にかけてのゲーデルの論説	*76*
3.4	1940年代後半から1950年代にかけての日本の研究者の様子	*79*
3.5	ゲーデルが還暦を迎えた頃の日本	*85*
3.6	ダイアレクティカ論文およびそれ以降のゲーデルの業績	*87*

第4章　数理論理学のさまざまな発展——1970年代以降　*92*

4.1	1970年代前半の日本	*92*
4.2	パリス不完全性定理	*94*
4.3	アメリカ滞在中に知ったゲーデルの訃報	*96*
4.4	ゲーデルが亡くなった頃の日本	*98*
4.5	ゲーデル没後についての補足	*99*
4.6	第I部の結び	*102*

参考文献　*103*

第II部　ゲーデルと哲学——不完全性・分析性・機械論

飯田　隆　*111*

第1章　不完全性と分析性　*115*

1.1	論理実証主義と不完全性定理	*115*
1.2	『言語の論理的構文論』における分析性と不完全性	*121*

1.3　ゲーデルの規約主義批判 *127*

第 2 章　人間と機械 *134*
　　2.1　不完全性と機械論——テューリングからペンローズまで *134*
　　2.2　ギブズ講演における機械論と反機械論 *139*
　　2.3　仮想の心と仮想の機械 *149*

付論　ゲーデルと第二次大戦前後の日本の哲学 *156*
　　1　田辺元とゲーデル？ *156*
　　2　近藤洋逸の数学基礎論批判 *161*
　　3　結びに代えて *166*

参考文献 *167*

第 III 部　ロジシャンの随想 *171*

第 1 章　プリンストンにて——私の基本予想とゲーデル　竹内外史 *173*

第 2 章　20 世紀後半の記憶——数学のなかの構成と計算　八杉満利子 *182*
　　2.1　証明の論理的構造：証明論 *183*
　　　　2.1.1　形式的体系と証明論 *186*
　　　　2.1.2　還元法による証明論 *188*
　　2.2　構成的数学とゲーデルの着想 *189*
　　　　2.2.1　構成的算術の体系 *191*
　　　　2.2.2　有限の型の計算可能汎関数 *193*
　　　　2.2.3　構成的算術体系のダイアレクティカ解釈 *194*
　　　　2.2.4　構成的算術体系の無矛盾性 *196*
　　　　2.2.5　構成的算術体系のいろいろな解釈と応用 *199*
　　2.3　数学のなかのアルゴリズム *202*
　　　　2.3.1　計算可能実数と計算可能連続関数 *204*
　　　　2.3.2　不連続関数の計算可能性 *209*

参考文献 *213*

用語索引 *215*
人名索引 *220*
執筆者紹介 *227*

序

ブールからゲーデルへ

20 世紀ロジックの形成

田中一之

A page from Gödel's first arithmetic workbook, 1912-1913.

この序では，19世紀半ばのブールの時代から20世紀前半のゲーデルの登場に至る近代論理学（ロジック）の前史を概観する．

　本シリーズの各巻各部は独立して読めるように書かれているから，ここを読み飛ばして興味あるところから読み始めてくださっても差しつかえない．しかし，読者のなかには，学生時代の私がそうであったように，ロジックのあり方や目的を誤解あるいは曲解して，特定の方向だけにしか関心が向かなくなっている方も少なからずいらっしゃると思う．この序は，まずそういう方が，ロジックの全体性あるいは多面性を享受して，先に読み進んでくださることを願って書いている．予備知識の少ない方にも理解していただけるように，技術的な解説はできる限り抑えたので，逆に物足りなく思われる方もいるかもしれないが，どうぞお許し願いたい．

　そもそもロジックとは何を差すのだろうか？　記号論理学，数理論理学，数学基礎論などと，同じなのか，違うのか．確かにニュアンスの違いはあるし，それぞれの呼び名を区別して使うべき場面もあるだろう．しかし，いまわれわれの目的は大局的な視野を得ることであるから，小異にはこだわらず，どれも同じ分野を指すとしておきたい．ちなみに，私が学生の頃には「数理論理学」が広く使われていたが，いまは単に「ロジック」と呼ぶことが多いようである．

　その数理論理学の現在の輪郭とあり方を決定したともいえる2冊の書物がともに1967年に公刊されている．一つはショーンフィールドの『数理論理学』[Shoenfield 1967] で，いまもってこの分野の定番教科書である．ショーンフィールドは，（おもにゲーデル以降の）高度な技術的成果の数々を比類のない厳密さと簡潔さで説明し，現代数学としてのロジックのイメージを定着させた．もう一つはファン・ハイエノールト編纂の論文集『フレーゲからゲーデルへ——1879年から1931年までの数理論理学の原典』[van Heijenoort 1967] である．ゲーデル以前の数理論理学を原論文（の英訳）によって解説し，フレーゲを現代ロジックの祖とする史観を普及させた．

　私は，ロジックを学び始めた1970年代後半に，この2冊に出会った．ショーンフィールドの本は，1年以上かけて読み通し，その知識はその後の勉強と研究のための基盤となった．ハイエノールトの本は拾い読みであったが，こ

の本を下地にしたと思われる啓蒙書や解説文もあわせてあれこれ読んだので，結果的にかなりの影響を受けた．

どちらもそれぞれの領域において，いまも最高水準の文献である．しかし，この2冊の組み合わせは最低であった．両書の「数理論理学」は単に時代が違うだけでなく，初めから意味するものが違っていたのである．数理論理学には「論理の数学的扱い」と「数学の論理的分析」という2つの意味があることを，私は当時知らなかった．この両義性については，ドイツ初の数理論理学専門講師としてゲッチンゲン大学の教壇に立ったツェルメロが，1908年の講義ですでに述べたという記録があるくらいで，バランスのとれた教科書にはたいてい書いてあることだ[1]．しかし，ショーンフィールドとハイエノールトは，当たり前のように数理論理学の片面だけを扱っていたため，素人読者が，数理論理学はゲーデルを契機として「数学の論理的分析」から「論理の数学的扱い」へ変化したと考えても仕方がないことであった．

1980年代に入り，私は両書を抱えて，カリフォルニア大学バークレー校の大学院に留学した．まず驚いたことに，バークレーではハイエノールトの本は人気がない，というよりも嫌われている感じであった．理由は徐々にわかったのだが，要するにバークレー学派の祖タルスキの仕事についてほとんど触れていないばかりか，彼を育てたポーランド学派や，その研究のルーツになるブール，パース，シュレーダーらの仕事をほぼ完全に無視していたからである[2]．フレーゲがすぐれたロジシャンであることは間違いない．しかし，量化記号の最初の発見者をパースでなく彼だとするのは，アメリカ大陸の発見者がコロンブスでなくエリクソンであるというようなものだとパトナムが面白いことを言っている[3]．

ところで，私がバークレーの学生だった頃，ハイエノールトはお隣のス

---

1) 1928年に出版されたヒルベルトとアッケルマンの教科書 [ヒルベルト・アッケルマン 1954] の前書きにも数理論理学の2系統の違いが明瞭に述べられている．

2) このような批判は，当時もう常識的であり，たとえばつぎの書評のなかにもあるが，私がそれを知るのはずっと後のことである．Moore, G. H., "Review of From Frege to Gödel" (2nd edition), *Historia Mathematica*, **4** (1977), 468–471.

3) Putnam, H., "Peirce the Logician", *Historia Mathematica*, **9** (1982), 290–301 を参照．

タンフォードでフィファーマンらとともに『ゲーデル全集』の編纂に従事していた．私がそのことを知ったのは，学位論文をほぼ書き上げた頃に飛び込んできたあの衝撃的なニュースからだった．1986年3月に，彼はメキシコ・シティにいた4番目の妻に会いに行き，寝込みに彼女に頭を3発撃たれて死んだというのである．その妻も銃弾を口腔に撃ち込み後追い自殺した．メキシコは，彼がかつて秘書として仕えたトロツキーが亡命し，暗殺された土地でもあったから，その後もしばらく詮索と噂話が尽きなかった．

つぎに，ショーンフィールドの本であるが，私は大学教員になってから，自分のゼミでこの本を読み返して，数学の基礎についてもかなり深いことが書かれてあることが漸くわかっていたく感心したものだ．しかし，初学者にそこまで読み取ることを要求するのは無理であり，参考文献や歴史的説明がまったくないこの本をロジックの案内役にするのは少し危険であるといまは思っている．

本序を「ブールからゲーデルへ」と名付けたのは，上のような背景から，とくにハイエノールトに基づく従来的解説を補完し，ゲーデル以前の論理学も数学として発展してきた部分がある，というよりも，それが中心的であったことを示すためである．したがって，本論もハイエノールトとは別の方向に偏っていることを断っておかなければならない．より正確なロジックの歴史を学ぶためには，第2巻III部や本章末の文献をあわせてご覧いただきたい．

0.1 19世紀の論理学 イギリス編

アリストテレス以来二千数百年にわたって，論理学の研究は，主として哲学者の領分であった．17世紀には，論理学と数学を包摂する「普遍数学」を構想したライプニッツのような万学の天才も現れたが，彼の哲学・論理学関係の著作は死後150年間公開されておらず，その直接的な影響が現れるのは19世紀末からである．しかし，ライプニッツが導入した微積分の記号法は，ヨーロッパ大陸で広く普及し，数学の発展に大きく寄与した．他方，彼と微積分学の優先権で激しく対立したニュートンが後々まで影響を残したイギリ

図 0.1 ブール

スは，数学に関しては大陸にかなり遅れをとった．

19世紀初め，ケンブリッジ大学の数学者ピーコック，ハーシェル，バベジらは，イギリスにライプニッツ流の数学を普及すべく「解析協会」を創設した．彼らの活動により，イギリスにはライプニッツ思想が大陸以上に純化されて浸透していった．ピーコックは記号操作としての代数学の考えを打ち出し，バベジは史上初のプログラム式計算機を考案した．このような時代背景のイギリスに，ブールが登場した．

ブールは，正規の大学教育を受けておらず，独学で数学の専門書を読み，またケンブリッジの数学者たちと個人的な交流をもちながら，独自の数学世界を切り拓いていった．とくに，ブールを後押ししたのがピーコックの弟子グレゴリーで，彼は自ら創刊した『ケンブリッジ数学雑誌』にブールの論文を多数掲載した．しかし残念ながら，彼は病気のために 1841 年に雑誌編集を降り，故郷エジンバラに帰って，そのまま戻らなかった．

ブールの最初の大きな仕事は，1841 年に発表された論文で，不変式論の出発点とされている．ブールは，多変数多項式における解と係数の関係を調べるなかで，たとえば，2 次形式 $(ax^2 + 2bxy + cy^2 = 0)$ の判別式 $(b^2 - ac)$ は線形変換によって（定数倍しか）変わらないという意味で不変であることに

注目し，その一般化を研究した．ケンブリッジ大学のケーリーは，このブールの論文に啓発され，朋友シルベスターと協力して，不変式論の系統的な研究を行った．その後，不変式論の研究は大陸に移り，19世紀末にヒルベルトによって高度な発展を遂げる．ブールもヒルベルトもロジックに着手する前に，不変式論の研究を行っていたことは単なる偶然とは思えないが，その考察は別の機会に譲ろう．

　ブールがもっとも多くの論文を書いたのは，微分方程式についてである．1842年頃から微分方程式の「記号的解法」についてド・モルガンとの交流が始まった．そして，ド・モルガンの推薦もあって，ブールは1844年の論文により，王立協会から金メダルを獲得し，名実ともに一流の数学者となった．

　ここで，ド・モルガンについても一言語らなければならない．彼は，ケンブリッジ大学でピーコックらに師事した後，1828年にユニバーシティ・カレッジの教授となり，ロンドンにイギリス第2の数学グループをつくった．多方面の数学研究と精力的な啓蒙活動で知られるが，たとえば「数学的帰納法」という言葉をつくったのも彼とされている．ちなみに，シルベスターは，ケンブリッジに進学する前にロンドンでド・モルガンに師事している．

　そのド・モルガンと関わりをもつハミルトンが2人いた．アイルランドのハミルトンは4元数の発見者(1843)で，ケーリーやシルベスターとともに，近代代数学の構築に貢献した大数学者である．一方，スコットランドのハミルトンは，「数学は精神を凍らせ，しなびさせる」[ベル1997]といった主張で数学撲滅運動を展開していた論理学者で，数学啓蒙家ド・モルガンを格好の標的とした．

　1840年代，ド・モルガンは，アリストテレスの三段論法の数量化を試みた．「あるAは，Bである」の代わりに，「a個のAは，Bである」というように量の概念を入れた三段論法の体系を構築しようとしたのである．すると，スコットランドのハミルトンはそれが剽窃であると文句をつけてきたのである．1847年にこの問題が公の論議になり，ド・モルガンは自らの立場を説明すべく『形式論理学――必然と可能推論の計算』を著すことになった．

　これを知ったブールは，すぐにド・モルガン支持を表明し，論理学における数学的手法の有用性を訴えるために『論理の数学的分析』を数週間で書き

下ろした．この小冊子（約 80 ページ）において，命題の論理結合を代数的演算とみなす新しい論理学の立場が打ち出され，近代論理学の幕が開いた．

　ブールの小冊子は，つぎのようなイントロで始まる．

> 記号代数学の現状を知るものは，分析プロセスの妥当性が，用いられる記号の解釈によらずに，その組み合わせの法則だけに依存していることがわかる．

　ブールの論理学は，ピーコックやグレゴリーらが開発した記号代数学の思想と技術に大きく依存している．冒頭にも書いたように，すでに 100 年以上も前にライプニッツは論理演算と代数的演算の類似性に注目していたが，ブールはそのことを知らずにライプニッツの思想を具体化したといえるのである．

　『論理の数学的分析』のさわりを現代風に説明しておこう．クラス[4] $X, Y, Z,$ $\ldots$（の外延）を記号 $x, y, z, \ldots$ で表す．たとえば，クラス X, Y を「鳥」，「動物」とすると，x, y はそれらの外延，つまり鳥の集合と動物の集合をそれぞれ表す記号である．いま，x と y の共通部分を xy と書くと，$xy = x$ は命題「すべての X は Y である」を表すことになる．したがって，いわゆる三段論法「すべての X は Y であり，かつすべての Y が Z であるとき，すべての X が Z である」は，「$xy = x$ かつ $yz = y$ ならば，$xz = x$」と表現でき，これは簡単な式変形で導出できる．ブールは，アリストテレスの三段論法のさまざまなパターンをこのような代数的な式変形に翻訳して分析した．

　ド・モルガンは，ブールのように論理演算を代数的演算とみなすところまで考えを進めていなかったが，ブールにない重要な視点を別にもっていた．それは，「議論の領域 (universe of discourse)」を限定することや，「量化された関係 (quantified relation)」について推論を扱うことなど，述語論理の萌芽を含んでいたのである．実際，「量化記号 (quantifier)」という語をつくったパースは，その発見をド・モルガンに負うものとしている．

　さて，ブールは，第 2 作『思考法則の探求』(1854) で，前作の議論を精密化するとともに，1847 年のド・モルガンの本で扱われていたベイズ流の確率的な推論についても分析している．そもそもイギリスには，ヨーロッパ大陸

---

4) ブールは，「クラス」を日常語として用いている．

の合理論・演繹法に対抗して，経験論・帰納法を重視する風土がある．とくに当時は，帰納的推論を体系化したミルの著書『論理学体系』(1843) が世の注目を浴びていたという背景も無視できない（ちなみに，ミルはラッセルの名付け親でもある）．ブール，ド・モルガン，ミルの論理学は，ジェヴォンズによって改良され，彼が著した教科書類で広く普及した．その後も，イギリスではベン図の発明者ヴェン，『不思議の国のアリス』の作者ドジソン（筆名キャロル）ら多彩な数学者が代数的論理学を発展させている．

ところで，ブールは，厳密にブール代数を定義したわけではなく，ブール代数の公理的研究は，アメリカのパースやドイツのシュレーダーらによって進められた．まず，パースの話である．パースの父も兄もハーバード大学の数学教授であり，新しい代数学の周辺，とくにハミルトンの4元数についての研究が知られている．両人とも管理者として辣腕をふるい，種々の要職についている．他方，パース本人は若い頃の成績不振と素行不良が祟って，生涯教授職にはつけなった．そのためか，彼の仕事の多く（とくに数学的部分）は生前には十分評価されず，彼が数理論理学のパイオニアの一人として広く認知されるようになったのはここ数十年のことである[5]．パースは，1867年にブール代数の改良について，1870年にはド・モルガンの数量化推論についての論文を著した．後者において，すでに量化記号が導入されているが，その厳密な分析は1883年に弟子のミッチェルと共同でなされた．

パースのあとを受けて，数理論理学の構築を進めたのは，シュレーダーであった．ドイツのカールスルーエ工科大学の学長をしながら著した3巻本『論理代数学講義』(1890–1905) は，ホワイトヘッドとラッセルの『プリンキピア・マテマティカ』が現れるまで，この分野の代表的なテキストであり，20世紀初頭のロジシャンたち——ペアノ，レーベンハイム，スコーレム，ヒルベルト，タルスキらも，この本で数理論理学を学んだことは間違いない．

---

[5] とはいえ，19世紀末に，パースがフレーゲのように無名であったわけではない．脚注3のパトナムの論文を参照．

 図 0.2　カントル
 図 0.3　デデキント

0.2　19 世紀の論理学　ヨーロッパ大陸編

　ライプニッツのおかげで微積分学が著しい発展を遂げたヨーロッパ大陸では，解析学の議論の端々に現れる「無限」の放縦な振る舞いに悩まされることになる．19 世紀に入って，コーシー，ボルツァーノ，ワイエルシュトラスらによって微積分の厳密化が進み，微積分の主な概念は，いわゆるイプシロン・デルタ論法により，実数の四則演算の言葉で表現されるようになった．続いて，デデキントとカントルは，実数を有理数の言葉で定義し，さらにデデキントは有理数や自然数も研究した．
　カントルは，ベルリン大学でワイエルシュトラスらに師事し，解析学的な観点から研究を始めた．まず，実数（連続体）と自然数が一対一に対応できない（濃度が異なる）ことを証明し，連続体と可算無限の間に中間的な存在（濃度）が存在するか否かという問題（連続体仮説）に出会う．この問題はやがて悪夢となって彼に取り憑き，彼はそれから逃避すべく，ベーコン＝シェークスピア説の熱心な論者に変貌していった．すでにかなり正気を失っていたとはいえ，イギリスの知性を代表するベーコンとシェークスピアの同一人物

説にはまったカントルは，大陸型の数学者ではなかったのだろう．彼の最後の数学論文であり，それまでの研究の総決算ともいうべき『超限集合論の基礎付け』(1895–97) の巻頭に，「私は仮説をつくらない」というニュートンの言葉がおかれているのも象徴的である．

他方，デデキントは，ゲッチンゲン大学のガウスの最後の弟子とされ，ガウス，ディリクレの研究の流れを継承する正統派の整数論研究者であって，典型的な大陸型数学者である．1888 年に発表した本『数とは何か，何であるべきか？』の序文は，「証明できることは，科学においては証明なしに信ずるべきでない」という有名な警句で始まる．この本ではじめて，今日（デデキント・）ペアノの公理系と呼ばれる自然数論の公理が公に与えられた．四則演算を再帰的に定義し，帰納法によってその一意性などを証明するという手法も斬新であった．

ところが，四則演算の再帰的定義については，すでに 1861 年にグラスマンが『高等教育のための算術便覧』で行っていた．また，彼は『広延論』(1944) において線形代数学の諸概念（線形独立性，次元など）を厳密に定義し，数学全体を線形代数的概念のもとに基礎付けようともしていた．その独創的な仕事は当時の数学者になかなか理解されなかったため，彼は数学を放棄して，言語学者に転向した．そのグラスマンの仕事に注目したのがペアノだったのである．

イタリア・トリノ大学のペアノは，1886 年に常微分方程式の局所解の存在を証明して，一流数学者の仲間入りをした．数理論理学との関わりは，1888 年に『幾何的微積分』という本を著し，そこにブール，シュレーダー，パースらの数理論理学の一章を入れたことに始まる．この本では，グラスマンを参考にしてベクトル空間の今日的な定義が与えられ，また集合論における記号 $\cup, \cap, \in$ が導入された．そして，彼は 1989 年にデデキントの公理を記号化していわゆるペアノの公理を提案した．また，1890 年にはペアノ曲線を発見するなど，研究を広げたが，1892 年以降はすべての数学を独自の記号法で表現するというプロジェクトを押し進め，極端な記号主義のもとで独創性を失っていった．

ペアノは，数論の概念を完全に記号化し，ある命題から別の命題を，方程

図 0.4 フレーゲ

式を解くような手続きで導こうと考えていたが，推論の形式化と量化記号の扱いはまだ不十分であった．それを黙々と独りで進めていたのがドイツ・イエーナ大学のフレーゲであった．

　フレーゲが 1879 年に発表した『概念記法』は当時としてはあまりにも革新的であり，シュレーダーらはそれを数学的でないと批判している．これより前にパースが量化を含む推論の形式化を試みていたが，フレーゲはそれとは独立に，完璧な形で論理の公理と推論規則を与えた．

　彼の独創的な記号法のエッセンスを紹介しておこう．

　　　⊢A　　　肯定的判断

　　　⊢─A　　否定的判断（「A でない」．現代の記法では「¬A」）

　　　⊢─A　　条件法（「B ならば A」．現代の記法では「B → A」）
　　　　└B

　　　⊢a─A　　普遍性（「すべての a について，A」．現代の記法では「∀aA」）

たとえば，「「すべての a について，B ならば A」ならば，「「すべての a につ

いて，A」でなければ「すべてのaについて，B」でない」」（現代表記なら，$\forall a\,(B \to A) \to (\neg \forall a\,A \to \neg \forall a\,B)$）をフレーゲ流に表すと，以下のようである．

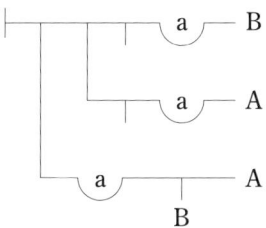

フレーゲの論理学がなかなか受け入れらなかったのは，第一にこの新奇な記法にあった．しかし，この記法の背景には，フレーゲが，代数的論理学の立場とは違い，概念形式の表現を重視していたことがある．それは，第二の著作『算術の基礎』(1884) で，算術的原理を論理的に導出する企て（「論理主義」）の表明によって明らかにされた．デデキントとカントルが実数を定義したように，フレーゲはクラス[6]を用いて，個々の自然数を定義した．つまり，0 は要素をもたないクラスのクラス，1 はちょうど 1 つの要素をもつクラスのクラス，というようにである．『算術の基礎』では彼の企図の方針だけを述べて，次回作『算術の基本法則』（第 1 巻 1893，第 2 巻 1903）で完璧な形式体系を構築していく計画であった．ところが，この計画は，次節で述べるように，ラッセルのパラドクスの発見で頓挫し，『算術の基本法則』の第 3 巻以降は未刊に終わった．また，フレーゲは，ペアノ，フッサール，ヒルベルトらと多数の書簡を交換して，論理に対する正しい理解を広めた．

ところで，ペアノと独立して，まったく同じように，グラスマンの線形代数学と代数的論理学を両方取り込んで，『普遍代数学概論』(1898) という本を著したのがケンブリッジのホワイトヘッドである．この本は，論理に関してはパースの影響を強く受けている．ホワイトヘッドは続編を構想していたが，弟子のラッセルとの共著『プリンキピア・マテマティカ』にその計画を

---

[6] 概念の外延もしくは領域．ブールの「クラス」とも，現代集合論の「クラス」とも異なる．ここでは，素朴な立場で，「集合」と同義と考えておけばよい．

変更する．

0.3　ラッセルと『プリンキピア・マテマティカ』

1900年の夏，万国博覧会とオリンピックが同時に開催され，活気のさなかのパリで，『国際哲学会議』（8月1日から5日）と『国際数学者会議』（6日から12日）が開催された．アリストテレス以来まったく進歩がないとカントに批判された論理学は，この二つの会議の連続開催により，その復興を広い範囲に印象づけた．

ケンブリッジ大学の若手数学者ラッセルは，師ホワイトヘッドに連れられて哲学会議に参加し，意気盛んなイタリア人数学者ペアノと弟子たち（パドア，ブラリ・フォルティら）に接した．そのときの感想を彼は自叙伝のなかでつぎのように書いている．

> この会議は，私の学究生活における1つの転機となった．というのは，そこでペアノに会ったからである．（中略）会議中の議論において，彼は常に他の誰よりも精確であり，彼が乗り出した議論に必ず勝利するのを，私は目撃した．日に日に，これは彼の数理論理学のせいに違いないと判断するようになった．[Russell 1971]

続く数学者会議では，20世紀の数学の発達形成に大きな影響を及ぼすことになるヒルベルトの23問題（のうち10個）が発表された．とくに，第1問題はカントルの連続体仮説，第2問題は実数論の無矛盾性というように数学基礎論の問題が前面に出されたことで，20世紀における数理論理学の発展が大いに期待されることになった．

さて，ペアノから彼の一門の論文をもらい受けたラッセルは，会議から帰国するやいなや一語一句にいたるまで熟読し，8月末までにはそのすべてをマスターしたという．10月から12月にかけては，10年後に出版される金字塔『プリンキピア・マテマティカ』（以下，『プリンキピア』と略）の前身ともいうべき名著『数学の原理』の原稿を書いた．ところが，年が明けて，カ

図 0.5　ラッセル

ントルやブラリ・フォルティのパラドクスの存在を知って足をすくわれ，また私生活上の問題（妻との不和）から，『数学の原理』の公刊は1903年に遅れることになる．ラッセルにとって，パラドクスは，論理学や数学の単なる問題の一つではなく，自分の思想を根底からひっくり返されるような恐怖であった．

　それほどに彼を脅かしたパラドクスとはどのようなものだろうか．パラドクスとは，一般に容認される前提から，反駁し難い推論によって，一般に容認し難い結論を導く論説のことである．アキレスと亀についてのゼノンのパラドクス，「私はうそを言っている」という主張についてのエウブリデスのパラドクスなど，古代ギリシャの時代から数多くのパラドクスが知られている．しかし，ラッセルを悩ましたのは，集合論の誕生とともに発生した「集合論のパラドクス」と呼ばれる新種であった．

　現代の言葉で，集合の集まりを「クラス」という．クラスは集合になるとは限らず，両者を混同すると集合論のパラドクスが生じる．集合論の創始者カントルは順序数全体のクラスが集合にならないことに気づいていた(1895)．すなわち，それを集合と考えると，それ自身順序数になって，その集合に属

するから，自らが自らより小さいことになり，矛盾である．この事実は，「ブラリ・フォルティのパラドクス」(1897) と呼ばれるものとも同じである．また，カントルは，どんな集合 A もそのベキ集合 $\mathcal{P}(A) = \{B : B \subseteq A\}$ と濃度が異なることを証明していたので，集合全体を集合と考えるとそのベキ集合の存在から矛盾が生じること（カントルのパラドクス，1899）も発見していた．しかし，カントルもブラリ・フォルティもこれらをパラドクスと考えていたのではなく，集合にならないクラスの発見とみていたのである．

これらの発見を重大事と考えたのが，ラッセルとツェルメロである．ラッセルは，カントルのパラドクスをより簡明に表現して，$R = \{X : X \notin X\}$ という集合（クラス）を考えた．R は，自分自身を要素として含まない集合 X の集まりであり，R が集合であるとすれば，R が R に属しているとしても，そうでないとしても，矛盾が導かれる．これは一般に「ラッセルのパラドクス」として広く知られているが，ラッセルよりも前にツェルメロが同じパラドクスを発見していた．ヒルベルトは，フレーゲの『算術の基本法則』の第 2 巻を受けとった返事（1903 年 11 月 7 日付け）のなかで，ツェルメロがそのパラドクスを 3, 4 年前に発見したと述べており，またツェルメロがフッサールに伝えた記録も残っている．

さて，ラッセルはこの逆理を避けるために，型理論を提唱し，ツェルメロは公理的集合論を構築した．ツェルメロの話は後に回し，まずラッセルの理論について話しておこう．『数学の原理』で彼が目指したのは，数学的な真理は経験の一般化ではなく，論理的に導かれることを示すことであった．この第 1 稿を書いた翌年に，ラッセルはフレーゲがすでに十数年早く同様の見解に達していたことを知った．フレーゲの主著は，述語論理の出発点となる『概念記法』(1879)，「論理主義」を打ち出した『算術の基礎』(1879)，論理主義を実践する『算術の基本法則』（第 1 巻 1893，第 2 巻 1903）である．ラッセルの『数学の原理』は，『算術の基礎』に相当する．

1902 年，フレーゲは，『算術の基本法則』第 2 巻の原稿を印刷所に送ったとき，彼の体系が矛盾を含むことをラッセルに知らされ，「学問的著述に従事する者にとって，一つの仕事が完成した後になって，自分の建造物の基礎の一つがゆらぐということほど，好ましくないことはほとんどないであろう」

[フレーゲ 2000] と後書きで述べている．さらにそこで，その巻の付録には，集合論のパラドクスへのいくつかの解決策を示しているのだが，どれも場当たり的な対処でしかなかった．晩年のフレーゲは，結局論理主義を放棄し，算術は論理だけに基づくものではないと考えるようになった．

他方，ラッセルは，パラドクスとの悪戦苦闘の末，「型理論」を考案した．型理論には 2 種類あるが，まず「単純型理論」は，理論のすべての対象が自然数の型をもつとして，形式化される．各個体は型 0 をもち，個体の各クラスは型 1 をもち，個体のクラスのクラスは型 2 をもつ，というように各対象の型を定める．そして，所属関係 "$x \in y$" は，x の型が n で y の型が $n+1$ のときのみに構文的に許されるとする．このような文法的な制約により，集合論のパラドクスは一応排除された．

ところが，また新たな種類のパラドクスがラッセルの前に立ちはだかった．それは今日では「定義可能性のパラドクス」と呼ばれるものだが，まずいくつか実例をみてみよう．実数は非可算個存在するが，言葉で定義できる実数は可算個しかない．実際，日本語であれ数式であれ文字は有限種類しかなく，あらゆる定義文を長さの短いものから順に並べていくことができる．定義可能な実数のリストから，対角線論法でこのリストにない，つまり定義不可能な実数が構成できる．しかし，この構成自身が定義不可能な実数の定義になっているというのが，「リシャールのパラドクス」(1905) である．これと同種だが，無限の概念や対角線論法を用いない，より簡単なものに「ベリーのパラドクス」(1906) がある．「17 文字で定義できない最小の自然数」は 17 文字で定義できている，というものである．

ここにきてラッセルは，論敵ポアンカレの批判を受け入れざるを得ないと考えるようになった．ポアンカレは，数学的帰納法を論理的に導くことや，その無矛盾性を証明することは，循環論法になっているので原理的に不可能であると主張していた．そこでラッセルは，あらゆるパラドクスが，「悪循環の原理」への注意欠如に起因すると考えた．悪循環の原理とは，自らが属するクラスを用いてしか定義できないようなものは存在しないという主張である．換言すれば，非可述的な定義を認めないということである．たとえば，ベリーのパラドクスでは，「定義できない最小」という表現が，そうして定義する自

然数が属する領域の存在を予め仮定するので，非可述的な定義になっている．

そこでつぎに考案されたのが，「分岐型理論」である．この理論では，項や論理式に型だけでなく，階数を割り当てる．たとえば，型 0 の変数 x をもつ述語（型 1 の述語）でも，以下のように異なる階数をもつ．「x は，偉大な将軍である」は 1 階の述語であり，「x は，偉大な将軍がもつ 1 階の属性をすべてもつ」は 2 階の述語である．これをいかに形式化するかは別にして，これが自己言及的な定義を避ける工夫であることは一応納得できよう．

しかし，非可述性を禁じてしまうと，たとえば実数の連続性が最小上界の存在で表現できなくなり，古典的な解析学の展開は絶望的に困難である．そこで，かなり強引な天下り公理が登場する．「還元公理」は，定義述語に現れる束縛変数は消去できるとみなし，上の例でいえば，2 階の述語「x は，偉大な将軍がもつ 1 階の属性をすべてもつ」は 1 階の述語でも表せると主張する．この不可思議な超越的公理に加えて，選択公理の一種である乗法公理，そして無限公理など，非自明な仮定をいくつもおいて，『プリンキピア』の体系ができあがった．

著者たちは，当然この状況に満足できず，第 2 版 (1925–27) が作成されることになった．この改訂に影響を与えたのが，ラッセルの弟子のウィトゲンシュタインとラムジーである．ウィトゲンシュタインは，1911 年から 13 年にケンブリッジでラッセルに師事し，1914 年から 19 年には第一次世界大戦に従軍しながら，『論理哲学論考』をドイツ語で書いた．この本の出版をめぐっては，著者と推薦人ラッセルと出版社の間でいろいろトラブルがあったが，1922 年にラムジーによる（とされる）英訳とラッセルの序文をつけて出版された．ウィトゲンシュタインは還元公理を完全に否定していたが，ラッセルは還元公理を排除せずに，しかしそれをなるべく使わないで数学を展開することを試みた．たとえば，第 1 版では数学的帰納法を導くのに還元公理を使っていたが，それを使わない方法を第 2 版で試みた．しかし，第 2 版の方法が間違いであることをゲーデルが指摘している[7]．

『プリンキピア』第 1 巻の第 2 版が出た 1925 年，ラムジーはまだ 22 歳で

---

[7] ゲーデルの論文「ラッセルの数理論理学」(1944)．[飯田 1995] に和訳がある．

あり，改訂に対する直接の影響はまだそれほど大きくはなかったが，やがてラッセルに代わって論理主義の旗手になると目されていた．ラムジーは，再度パラドクスの分類から始めて，数学の議論に悪循環の原理は無用であるとし，非可述的定義を認める立場を打ち出した．これは，単純型理論への回帰ともみなせる．しかし，時代はすでに公理的集合論を選んでおり，ラムジーは大きな仕事をする前に26歳で亡くなった．

ツェルメロは，今日「ラッセルのパラドクス」と呼ばれているものに，ラッセルより早く気がついていた．そして，パラドクスを生じない集合論の公理化を発表したのは1908年である．とはいえ，ツェルメロの公理系は，論理や言語の部分を曖昧にしたままの，十分に形式化されていないものであった．これを形式言語の上に乗せたのは，スコーレム (1923) である．そして，フォン・ノイマン (1929) やツェルメロ (1930) が，公理集合論の標準モデルとなる累積階層モデルを考案し，この時点で集合論は形式的にも意味的にも整備が完成したのである．

さて，再びヒルベルトの登場である．20世紀の初頭以来，数学基礎論について沈黙していたが，世の中の騒ぎに黙っていられなくなったのだろう．

0.4 ヒルベルトのプログラム

ヒルベルトは，プロシアの都ケーニヒスベルグの近郊で生まれ，1885年にケーニヒスベルグ大学で博士号を取得し，1886年から95年までそこで教授を務めた．その間の主要な仕事は不変式論に関するもので，とくに具体的な計算なしに多項式イデアルの有限基底の存在を示した彼の基底定理は，20世紀の抽象数学への重要な布石となった．

1895年ゲッチンゲン大学に移ったヒルベルトは，整数論の研究とともに，ユークリッド幾何の公理系を厳密化する研究を行い，1899年に『幾何学基礎論』を公刊した．その本で彼は，ユークリッド幾何学の無矛盾性が，ある種の実数の体系の無矛盾性に還元できることを示した．そこで，「実数論の無矛盾性を証明せよ」というのが，ヒルベルトの第2問題となる．しかし，この

図 0.6　ヒルベルト

時点では実数論あるいは実数論を基礎付ける集合論などはまだ完全に公理化されていない．集合論の公理化の研究は，ヒルベルトの若手同僚であるツェルメロによって進められたが，上述のようにそれが完成するのは 1920 年代である．

ヒルベルト自身は，1917 年までの十数年間，もっぱら関数解析や数理物理の研究に専念していた．ところが，忽然と 1917 年 9 月に『公理的思考』という熱のこもった講演をスイス数学会で披露し，数学基礎論への復帰を宣言．それとともに，ゲッチンゲンを卒業しチューリッヒ大学の私講師になっていたベルナイスを助手として呼び戻した．これ以降のヒルベルトの研究は，ほとんどがベルナイスとの共同作業であるが，以下では簡単のためにヒルベルトの名だけで呼ばせてもらう．

ヒルベルトは，数学の論証のほとんどが「1 階論理 (first-order logic)」において形式化できること，そして数学の諸概念は自然数と簡単な集合の概念に還元できることに着目し，自然数とその集合を扱う 1 階理論（つまり，1 階論理の公理系に，自然数とその集合に関する公理を追加したもの）の性質（とくに無矛盾性）を明らかにすれば，数学のかなりの部分の明晰性が得られると考えた．そして，そのような公理系として「2 階算術 Z_2」（「ヒルベル

ト・ベルナイスの体系」とも呼ばれる）を提案し，その無矛盾性を示すことを第2問題とみなした．

ヒルベルトは，実数の完備性にならって，公理系 T が「完全」（英語ではどちらも complete）であることを，それより真に大きな無矛盾な公理系がないことと定義した．つまり，完全な公理系 T から証明できない命題を1つでも T に加えると矛盾した体系になる．したがって，T が完全であることは，どんな命題に対しても，それ自身かその否定かが T で証明できることと同じである．彼は，どんな数学的な対象も完全に公理化可能であると考えていた．

『幾何学基礎論』でユークリッド幾何の無矛盾性を実数論のそれに帰着させたように，ある理論のモデルを別の理論のなかで構成することにより，相対的無矛盾性を示す方法はすでに確立された．しかし，この論法ではどこかに絶対無矛盾のよりどころを定めない限り，永久に真の無矛盾性は保証されない．そのよりどころとなるのが，有限の記号を有限的にだけ扱う立場，いわゆる「有限の立場」であった．有限の立場は，現代的には「原始再帰的算術」PRA (Primitive Recursive Arithmetic) として形式化されることが多いが，またその違いを重要視する人もいる．

2階算術 Z_2 のなかでは非構成的論証も展開できるが，この体系を完璧に形式化すれば，定理や証明は有限の記号列でしかないから，有限の立場に立って，Z_2 がおかしな言明を導出しないこと，つまり Z_2 で証明されるどのような有限的言明（等式，不等式など）も有限の立場で正しいこと（Z_2 の「有限還元性 (finitistic reduction)」）を示せるだろうとヒルベルトは考えた．そして，そのためには，ある一つの偽なる有限的言明 $0 = 1$ が Z_2 で導出されないこと（「無矛盾性」）を有限の立場で示せば十分であることもわかった．さらに，無矛盾性の問題は，命題の真偽を判定する「決定問題 (Entscheidungsproblem)」に帰着できるので，1928年にヒルベルトは，

決定問題が数理論理学の中心的問題である

と明言している [ヒルベルト・アッケルマン 1954]．

しかし，ヒルベルトの企図はゲーデルの不完全性定理 (1931) により修正を余儀なくされた．ゲーデルの結果は，その論文の題名「プリンキピア・マテ

マティカおよびその関連体系における形式的に決定不能な命題について」が語るように，決定問題が絶望的に難しいことを示している．1階論理の決定問題に対し最終的な否定解を与えたのは，チャーチとテューリングであるが，ゲーデルは『プリンキピア』などの体系の無矛盾性が（狭義の）有限の立場では証明しえないことを示した．

しかし，同じ頃，ヒルベルトの助手をしていたゲンツェンが，順序数 ε_0 までの超限帰納法を用いて，ペアノ算術 PA の無矛盾性 Con(PA) を証明した．ペアノ算術に相応する Z_2 の部分体系を ACA_0 というが，ゲンツェンの結果からこの体系の無矛盾性もただちに得られる．ACA_0 では，実数の連続性や，解析学の基本的性質もほとんど導けるので，ゲンツェンの結果は第2問題のかなりいい部分解になっているといえる．さらに強い体系の無矛盾性については，現在もさまざまな研究が進行中である．

0.5 ゲーデルと不完全性定理

クルト・フリードリッヒ・ゲーデルは，オーストリア＝ハンガリー二重帝国のなかのモラヴィアの首都ブルンで，1906年4月28日に織物工場の支配人の次男として生まれた．ゲーデルは病気がちではあったものの，豊かで平和な家庭のなかで，幸せな幼少期を過ごした．ギムナジウムでは，数学とラテン語で特殊な才能を示した．

1924年に，医学を勉強していた兄を追ってウィーン大学に進んだ．最初は物理学科に入ったが，半身不随の数学教授フルトヴェングラーの整数論の講義に感銘して，数学科に転向した．また，ラッセルの『数理哲学入門』をテキストとした哲学者シュリックのセミナーに参加したのをきっかけに，ロジックの世界に傾倒していった．

当時，ウィーン大学は，「論理実証主義」もしくは「科学経験主義」を標榜する「ウィーン学団」の最盛期であった．ウィーン学団とは，数学者ハーンと哲学者シュリックを中心として，多分野の学者，学生が集まる非公開セミナーで，毎週木曜の夕方に会合をもっていた．ゲーデルが加わった当時 (1926) は，

図 0.7　ゲーデル

ウィトゲンシュタインの『論理哲学論考』を読んでいた．ゲーデルはウィーン学団の思想には賛同していなかったが，カルナップなど主要な学団員との議論をくり返して，自らの立場を確立していった．また，そこにはハンガリーのフォン・ノイマンやポーランドのタルスキもときどき顔をみせた．学界から距離をおきウィーン郊外で暮らしていたウィトゲンシュタインがくることはまったくなかった．ただし，ゲーデルは，ウィーンで開かれた直観主義者ブラウワーの講演会で，ウィトゲンシュタインを目撃している．

　この時期のゲーデルは，なかなか社交的である．のちに妻となる 6 歳年上のキャバレー・ダンサー，アデールとの最初の出会いもこの頃である．そのときアデールは写真家と結婚していた．1929 年に，父が亡くなったため，母がウィーンに移ってきて，放射線医の兄と 3 人暮らしを始める．その後 8 年間，一家はヨーゼフシュタット通りのアパートで暮らすが，その時期がゲーデルの論文生産のピークである．

　1928 年 9 月，ボローニャの数学会で，ヒルベルトは「数学の基礎の諸問題」と題する講演を行った．すでに 1 階算術の無矛盾性証明は完成したという誤解のもとで，2 階算術と集合論の無矛盾性，1 階算術と 2 階算術の完全性，そして 1 階論理の完全性が重要問題として提示された．また同年，ヒル

ベルトと弟子アッケルマンの著書『記号論理学の基礎』[ヒルベルト・アッケルマン 1954] が公刊され，その本のなかで 1 階論理の完全性と決定問題が未解決問題として述べられた．ゲーデルはこれらの知識を得るとともに，『プリンキピア』や，シュレーダーとフレーゲの著書を読んだ．そして，1929 年には 1 階論理の完全性定理を証明し，その結果をハーンとフルトヴェングラーのもとに学位論文として提出，1930 年 2 月に博士号を取得した．

1930 年の 9 月，ケーニヒスベルグ大学で 3 つの大きな会議（4–6 日：数学物理学会，5–7 日：精密科学認識論会議，7–11 日：自然科学者医学者会議）が共同で行われた．ゲーデルは，6 日に 2 番目の会議で，完全性定理について 20 分の講演を行った．しかし，重要なのは，その翌日のディスカッション・セクションである．すでに不完全性定理の証明のアイデアを得ていた彼は，その事実をそこで初めて公表した．その仕事は，10 月下旬にウィーン・アカデミーに提出され，ただちに受理された．

ところで，ケーニヒスベルグで生まれ育ち，一度はそこで教壇に立っていたヒルベルトが，市から名誉市民号を授与されることになり，上記 3 番目の会議のなかに設けられた記念講演（8 日）において彼の墓碑にも刻まれた有名な雄叫びをあげた：

　　　われわれは知らねばならない，そしていつか知るであろう．

前日のディスカッションにはヒルベルトは参加しておらず，ゲーデルの新しい結果についてヒルベルトはまだ知らなかった．一方，ゲーデルはヒルベルトの講演を聞いた．彼がヒルベルトをみた唯一の機会である．

さて，ゲーデルの不完全性定理というのは，じつは 2 つあり，普通第一，第二と区別される．「第一不完全性定理」の内容は，初等的な自然数論を含む ω 無矛盾な公理的理論 T は不完全である，つまりそこで証明も反証もされない命題（「決定不能命題」あるいは「独立命題」という）が存在する，というものである．「ω 無矛盾性」は単なる無矛盾性よりは少し強く，大雑把にいえば，標準的な自然数に関して成り立たない命題は公理に入っていないというものである．この仮定を単なる無矛盾性に弱めたのが，のちのロッサーの仕事 (1936) でその形の定理を「ゲーデル・ロッサーの不完全性定理」と呼ぶ．

「第二不完全性定理」は，初等的な自然数論を含む理論 T が無矛盾ならば，T の無矛盾性を表す命題 $\mathrm{Con}(T)$ がその体系で証明できない，というものである．これは，ヒルベルトの無矛盾性プログラムに大きな打撃を与えた．しかし，ゲーデル自身も書いているように，有限の立場は特定の演繹体系として規定されるものではないから，彼の結果はヒルベルトの企図を直接否定するものではなく，実際この定理の発見後に無矛盾性証明のためのさまざまな方法論が開発されている．

1931 年から 1940 年まで，ゲーデルは神経症に悩まされながら，ウィーンとプリンストンの間を何度も往復し，不完全性定理の証明の改良や連続体仮説についての考察を進めた．とくに，最初にプリンストンの高等研究所に招かれた際に行った講義「形式数学体系の決定不能命題」(1934 年 2–5 月) では，不完全性定理の証明を再構成し，「一般再帰的関数」の概念を導入している．これに出席したチャーチの学生クリーネとロッサーが作成した講義ノートは，再帰理論の入門テキストして広く読まれ，この分野の発展に大きく寄与した．

1938 年，オーストリアがドイツに併合された年に，ゲーデルはアデールと結婚したが，その 2 週間後に単身でアメリカに渡った．このときプリンストンの高等研究所で行った一般連続体仮説に関する講義は，のちにモノグラフとして出版され，これも集合論の教科書として広く読まれた．

翌年帰国すると，まもなく第二次世界大戦が始まり，身体検査で「守備隊勤務適合」とされたゲーデルは徴兵をおそれてアメリカ移住を決意した．1940 年 1 月，今度はアデールを連れて，ロシア–日本経由でプリンストンへ向かった．その後，ゲーデルは一度も祖国に戻っていない．

アメリカに渡ってからのゲーデルは，アインシュタインら特別に親しい人のみと交流して，人前に出ることはめっきり少なくなり，研究の内容も謎めいていく．興味深い話はまだまだ続くが，ここから先は，本文を読んでいただくことにしよう．

参考文献

本序では，引用文献だけではなく，近代ロジックとその歴史を学びたい読者のために，いくつかの基本文献を加えた．

[アクゼル 2002] アクゼル，A. D., 青木薫訳『「無限」に魅入られた天才数学者たち』早川書房 (2002)：カントルの人物描写が貴重．

[ベル 1997] ベル，E. T., 田中勇・銀林浩訳『数学をつくった人びと』東京図書 (1997)；ハヤカワ文庫版 (2003)：原著は 1937 年に出版されたロングセラー．

[Brady 2000] Brady, G., *From Peirce to Skolem, A Neglected Chapter in the History of Logic*, North-Holland (2000)：パースからシュレーダー，レーベンハイム，スコーレムとつなぐ流れを豊富な資料で解説．

[カスティ・デパウリ 2003] カスティ，J. L.・デパウリ，W., 増田珠子訳『ゲーデルの世界 その生涯と論理』青土社 (2003)：初心者向けだが，内容は豊富．

[デュドネ 1985] デュドネ編『数学史 III 1700–1900』第 XIII 章「公理論と論理学」(Guillaume, M. 著，山下純一・石谷野敏博・浪川幸彦訳)，pp.816–969, 岩波書店 (1985)：数理論理学の歴史について，日本語で読めるもっとも詳しい解説であろう．

[Ewald 1996] Ewald, W., *From Kant to Hilbert, A Source Book in the Foundations of Mathematics*, Vols. 1 and 2, Oxford Univ. Press (1996)：[van Heijenoort 1967] を補い，多角的視点で原論文（の英訳）を解説．

[Feferman 1986–2003] Feferman, S., *et al.* (ed.), *Kurt Gödel Collected Works*, Vols. I–V, Oxford Univ. Press (1986–2003)：ゲーデルの原論文，未公開ノート，手紙などを，英訳をつけて解説．

[Feferman 1998] Feferman, S., *In the Light of Logic*, Oxford Univ. Press (1998)：数学基礎論の歴史および現状の展望を与える著者の論説集．

[フレーゲ 2000] フレーゲ，G., 野本和幸編『フレーゲ著作集』第 3 巻『算術の基本法則』，勁草書房 (2000)．

[Giaquinto 2002] Giaquinto, M., *The Search for Certainty, A Philosophical Account of Foundations of Mathematics*, Oxford Univ. Press (2002)：単なる歴史入門書でなく，現代につながる視点を与えているのが特徴．訳本が準備されている．

[Grattan-Guinness 2000] Grattan-Guinness, I., *The Search for Mathematical Roots 1870–1940*, Princeton Univ. Press (2000)：マイナー情報が満載された歴史通の本．ヒルベルトの仕事などメジャーな事柄はあまり書かれていない．

[ヒルベルト・アッケルマン 1954] ヒルベルト，D.・アッケルマン，W., 伊藤誠訳／石本新・竹尾治一郎訳『記号論理学の基礎 第 3 版／第 6 版』大阪教育図書 (1954 / 1974). 原著：Hilbert, D. and Ackermann, W., *Grundzüge der theoretischen Logik*, Springer (1949 / 1972)：1928 年の初版は，現代論理学の出発点となる金字塔．

[ヒルベルト・ベルナイス 1993] ヒルベルト，D.・ベルナイス，P., 吉田夏彦・渕野昌訳『数学の基礎』シュプリンガー・フェアラーク東京 (1993)．原著：Hilbert, D. and Bernays, P., *Grundlagen der Mathematik I, II*, 2nd ed., Springer (1934/1968, 1939/1970)：「ザ・数学基礎論」というべき古典．

[飯田 1995] 飯田隆編『リーディングス 数学の哲学 ゲーデル以後』勁草書房 (1995)：ゲーデルの 2 つの論文「カントールの連続体問題とは何か」（岡本賢吾訳）と「ラッセルの数理論理学」（戸田山和久訳）を含む数理哲学系の重要論文 9 編を訳出し，解説を付けている．

[飯田 2005] 飯田隆編『論理の哲学』講談社 (2005)：現代論理学の広がりを若手研究者たちが 8 つの章で紹介．

[Mancosu 1998] Mancosu, P., *From Brouwer to Hilbert, The Debate on the Foundations of Mathematics in the 1920s*, Oxford Univ. Press (1998)：[van Heijenoort 1967] と [Ewald 1996] に含まれないブラウワーとヒルベルトらの論文の英訳を収録し，解説．

[Mancosu et al. 近刊] Mancosu, P. *et al.*, The Development of Mathematical Logic from Russell to Tarski: 1900–1935, in Haaparanta, L. (ed.), *The Development of Modern Logic*, Oxford Univ. Press, 近刊：重要な事柄は網羅されているが，一つ一つの解説が短いのが難．同じ本に所収予定のホッジ，アビガドらの解説も期待．

[野本 2003] 野本和幸『フレーゲ入門 生涯と哲学の形成』勁草書房 (2003)：フレーゲの必携入門書．彼の生涯，研究，時代背景などがバランスよく解説されている．

[Potter 2000] Potter, M., *Reason's Nearest Kin, Philosophies of Arithmetic from Kant to Carnap*, Oxford Univ. Press (2000)：算術を切り口にしたユニークな入門書．整数論そのものや決定問題などの話題には触れていない．

[Pulkkinen 2005] Pulkkinen, J., *Thought and Logic, The Debates between German-Speaking Philosophers and Symbolic Logicians at the Turn of the 20th Century*, Peter Lang (2005)：本稿を書き終えてからその存在を知ったが，19 世紀後半から 20 世紀初頭のロジックの歴史がなぜそのように動いたかを説明する興味深い本．

[Russell 1971] Russell, B., *The Autobiography of Bertrand Russell*, vol.1–3, Georg Allen & Unwin (1967–1969). 邦訳：日高一輝訳『ラッセル自叙伝』全 3 巻，理想社 (1968–1973)．

[Shoenfield 1967] Shoenfield, J. R., *Mathematical Logic*, Addison-Wesley (1967). リプリント版：A K Peters (2001)：現代論理学の代表的教科書．

[竹内 1998] 竹内外史『新版 ゲーデル』日本評論社 (1998). 英訳：Yasugi, M. and Passell, N., *Memoirs of a Proof Theorist, Gödel and other Logicians*, World Scientific (2003)：ゲーデルを中心に，1980 年くらいまでのロジック界の人物模様が活き活きと描かれる．

[van Heijenoort 1967] van Heijenoort, J., *From Frege to Gödel, A Source Book in Mathematical Logic, 1879–1931*, Harvard Univ. Press (1967)：フレーゲを祖とする数理論理学の歴史を原論文（の英訳）によって解説．

[フォン・ヴリクト 2000] フォン・ヴリクト，服部裕幸監修，牛尾光一訳『論理分析哲学』講談社学術文庫 (2000)：哲学系の表題になっているが，半分は数理論理学の歴史を扱っており，訳文も読みやすい．

[ワン 1995] ハオ・ワン，土屋俊・戸田山和久訳『ゲーデル再考 人と哲学』産業図書 (1995). 原著：Wang, H., *Reflections on Kurt Gödel*, Cambridge, Mass. (1987)：晩年までゲーデルと交流をもっていたハオ・ワンによる本格的ゲーデル伝．

I

ゲーデルと日本

明治以降のロジック研究史

田中尚夫・鈴木登志雄

第Ⅰ部ではゲーデルの主要な数学的業績が日本に広まっていった歴史的な経緯を，そのときどきの研究者の様子や世相，ときに筆者の回想を交えながら述べる．時代の流れに沿って4つの章に分ける．第1章では主に明治時代末期と大正時代の日本において，先駆者たちが近代的な集合と論理の考え方を取り入れていった様子を述べる．第2章は主に昭和初期から第二次世界大戦のさなかまでである．ゲーデルが完全性定理，不完全性定理を示し，そして選択公理と一般連続体仮説の相対無矛盾性を示したのはこの時代である．不完全性定理の論文が出版されたのは1931年であるが，その年の春，ゲーデルの理解者であったカール・メンガーが来日した．さらに1932–33年には『岩波講座 数学』の別項に黒田成勝による不完全性定理の解説が掲載された．そして1930年代後半には，近藤基吉が記述集合論において当時の世界の最先端に伍する研究成果をあげた．第3章では第二次世界大戦末期から1960年代までを中心に述べる．ゲーデルは1940年に選択公理と一般連続体仮説の相対無矛盾性証明の詳細を単行本として出版した．その日本語訳は終戦の翌年に出版されている．訳者は近藤洋逸である．1950年代以降，竹内外史をはじめとして，多くの日本人が数学基礎論の各分野で活躍するようになった．第4章では1970年代以降について簡単に述べる．しかし20世紀後半の研究については深入りしない．なお話題の性質上，個人名が現れざるを得ない．現役の研究者の名前も出てくる．失礼なことがあるかもしれないがお許し願いたい．

　第Ⅰ部は田中尚夫の原稿に鈴木登志雄が加筆修正したものを両名で協議してまとめたものである．本文中，とくに断りがない限り「筆者」は田中尚夫を表し，「現在」は2005（平成17）年を表す．文献表においては，クルト・ゲーデル自身の著作は（2点を除いて）個別に掲載しなかった．必要に応じて[ゲーデル全集]の該当箇所などを参照していただきたい．本文中で（年号）は参考文献に載せなかった文献である（たとえば「『解析教程』(1893, 94)」）．

　第Ⅰ部の執筆にあたり，筆者両名に助言を与えてくれた多くの方々に心より感謝の意を表する．

第1章

高木貞治と数学基礎論

明治・大正期の先駆者たち

1.1 ゲーデル誕生の数年前，高木貞治が帝国大学を卒業した

　高木貞治が帝国大学に入学したのは日清戦争が始まった1894（明治27）年のことである．ここで言う帝国大学とは今日の東京大学である．銀杏並木の奥にそびえる安田講堂や表通りを行きかう自動車の姿がついつい目に浮かんでしまい，当時の景色を想像するのは難しい．その頃，安田講堂は影も形もなかったし，当時の東京市は現在の東京区部の一部にすぎない[1]．成年男子の一部以外はまだ西洋風の服装になじんでいないし，成人の大部分は江戸時代の生まれ，そんな時代である．数や論理についての当時の人びとの考え方を探るのは，景色を想像するよりもさらに難しく，かつ，さらに興味深い．和算を愛し，ヨーロッパの数学を受け入れなかった人びともまだ多く残っていた．一方，そうでない数学者たちはヨーロッパ数学の吸収に努める段階にあり，19世紀中に日本で公表された数学の研究論文はきわめて少ない．高木貞治は1897年，吉江琢児，林鶴一とともに帝国大学を卒業した．高木と吉江はまもなくヨーロッパに留学する．彼らはその後，日本の数学界を指導した

---

1) 1877年に東京医学校が東京開成学校と合併して東京大学が創立され，1886年に帝国大学と改称された．1878年に東京府に15区が置かれたが，15区の範囲は江戸（御朱引き内）とほぼ一致する．1889年に15区が東京市の市域となった．

人物である．この年には京都帝国大学が創立され，東京の帝国大学は東京帝国大学と改称された．

さて特筆すべきは高木が卒業の翌年に著した『新撰算術』[2)][高木 1898a] である．このとき彼はまだ大学院生である．この書物のなかで彼は，明確に記しているわけではないものの，実質的に自然数を有限集合の濃度として定義し，それを基にして自然数の四則算法の諸性質を導いているのである．カントルの集合論がすでに日本に伝わってきていて，それを応用するまでになっていたと考えられる．高木はここでカントルの集合論を直接引用してはいないが，つぎのように述べている [高木 1898a, pp.1–2]．

> 一つの物に対する数を一と称し，これを表すのに 1 という記号を以てす．あまたの 1 集まりて数をなす．二つの数の相等しというは，甲を組成する 1 と乙を組成する 1 とを一個ずつとりてこれを一対となすとき，甲，乙を組成するすべての 1 をかくのごとき対いくつかと成すことを得べきをいうなり．語を換えてこれを言えば，甲を組成する各々の 1 と乙を組成する各々の 1 とを一つ宛対応せしめ，しかも一方の数を組成する一個以上の 1 と相対応することなからしむることを得るを言うなり …

これはカントルの集合論を踏まえてのことであろう．この定義に従って自然数の大小を定め，和積を定義し，四則算法の法則を導いている．現在の立場で見れば多少の欠点はあるものの，当時の日本としては画期的な理論展開と言える．カントルはもちろん有限基数を取り扱っているが，いわゆる自然数論としては論じていない．そしてペアノの体系（ラテン語，1889）はまだ日本に伝わっていなかったようである．1898 年 11 月に出版された高木による『新撰代数学』[高木 1898b] の巻末に掲載された『新撰算術』の広告は著者の気概が伝わってくるようで大変興味深い．全文を引用しよう．

> 世に算術の書夥多ありと雖も，其多くは西洋算術書の翻訳に終わり，然らざる者は単に機械的に数を説明したる者に過ぎず，され

---

2) この本は国立国会図書館でマイクロフィッシュによって読むことができる．なお [日本の数学 100 年史 1983, pp.218–219] にこの本の内容の概略が述べられている．

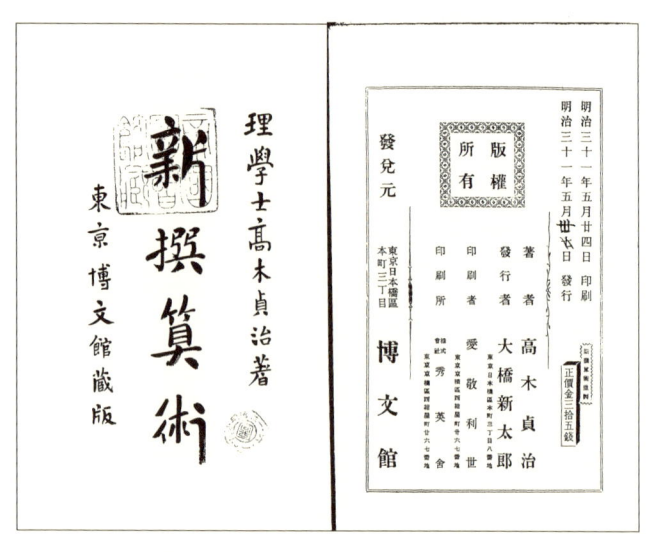

図 1.1　高木貞治『新撰算術』初版本の扉（左）と奥付（右）[高木 1898a]

ど本書に於いては然らず．筆を整数に起こして分数，べき根，無理数，量及びその測定に説き及ぼし，結論として負数，虚数に筆を擱く．其間の説明立論精緻確実，理論に拠って縦横に論ず．而かも文字平易流暢，一読の下にアリスメチックの原理を了解するを得，数の性質は此冊子の内に説き尽くされて余蘊なし．是れ固より数学者の目的とする所なれども群他の書はここに到らず．独り我が新撰算術に至っては，其名に負かずして，能く此正鵠を得たるものなり．

この広告文は編集局の人が高木との会話から，その意を汲んで書いたものであろうか．なお，『新撰算術』の後半ではカントルとハイネによるある種の無限有理数列としての無理数の定義，およびデデキントの有理数の切断による無理数の定義が述べられ，両者の同等性が証明されている．これらは明治前半期には邦語では世に現れていなかったようであるから，本邦初出であろう．高木は 1898 年の秋から 3 年間ドイツに留学し，1900 年にはゲッチンゲンでヒルベルトの教えを受けた．1898 年にはまた，林鶴一が『新撰幾何学』を出

版し，非ユークリッド幾何学について解説している．

　高木が帝国大学を卒業してからドイツへ留学していた時期はちょうど，ヨーロッパで集合論のパラドクス[3]が意識され始めた時期と重なる．1897 年はカントル最後の集合論の論文が現れた年である．その夏チューリヒで第 1 回国際数学者会議が開かれた．それまでのヨーロッパ数学界では，カントルを異端視し，拒絶する空気が支配的であった．フレンケルの『カントルの生涯』[カントル全集]によれば，この会議の頃から数学界はカントルを受け入れるようになったようである．会議のアダマール分科会では集合論に好意的な発表がなされた．とくに最初の主会議でフルヴィッツは「最近の解析関数理論の発展について」という講演を行い，カントルのアイデアがいかにして関数論の新しい結果を導いたかを語った．しかし，せっかくカントルが受け入れられるようになったその頃，皮肉なことに集合論のパラドクスが発見されてしまっていた．

　ここで集合論のパラドクスについて簡単に説明しておこう．それはブラリ・フォルティによって初めて発見されたもので，1897 年 2 月と書かれた論文がイタリア，パレルモの数学サークルの会合（1897 年 3 月 28 日）で発表され，その報告書によって公表された．彼の主張は「すべての順序型の集合 No はそれ自身順序型だから，それを Ω とすると $\Omega \in$ No．よって $\Omega+1 \in$ No，かつ $\Omega+1 > \Omega$．しかし Ω は No の順序型だから $\Omega+1 \leq \Omega$ となり，矛盾が起こる」というものである．一方，カントルはというと，すでに 1895 年頃パラドクスに気づいていたようであるが，筆者が承知しているのはカントルの 1897 年 9 月 26 日付けのヒルベルトへの手紙 [Messchkowski and Nilson 1991, pp.388–390]（英訳 [Ewald 1996, pp.926–927]）におけるつぎの記述である．

　　…すなわちアレフ全体は定まったよく定義されたできあがった集合として把握することができないようなものです．もしこれがその場合であったとすれば，一つのアレフがこの全体集合のつぎにきます．したがってそれはこの全体に要素として属すると同時に属しません．これは矛盾となってしまいます．

---

[3] パラドクス (paradox) はしばしば「逆理」と訳されている．なお脚注 5) を参照．

なお，ここでアレフとはカントルの超限基数の整列系列のことである．しかしこちらはもちろん当時公表されたものではない．カントルがブラリ・フォルティのパラドクスを知っていたかどうかについては [Messchkowski and Nilson 1991, p.389] や [Gurattan-Guinnes 2000, p.117] を参照[4]．またラッセルのパラドクス（1902 年，発見は 1901 年 6 月）は今日周知の記号で表せば，「集合 $\{x : x \notin x\}$ は矛盾を引き起こす」というものである．リシャールのパラドクス (1905) は「アルファベットの重複有限列で実数を表すものは一定の方法で一列に並べることができる．そのとき対角線論法によってこのリストに入らない数を有限個のアルファベットを用いて定義することができる．これは不合理」というものである（これらについての文献は [van Heijenoort 1967] を参照）．これらのなかでとくにラッセルのパラドクスは他方面にも影響を与えた．というのは，ブラリ・フォルティのパラドクスは順序数に関係するものであるから数学内の問題だが，ラッセルのパラドクスはまったく素朴な概念のみを用いたものであったから，純論理学にも直接響いたというのである [van Heijenoort 1967, p.124]．

　パラドクスから生じる困難を克服したいという考えは，数学基礎論という学問分野を成立させていく重要な推進力となった．数学で Paradox という言葉自体はすでにボルツァノの死後 1851 年に発表された論文で，'Paradoxien des Unentlichen' として使っているが，こちらはラッセルの意味でのパラドクスではない[5]．実はラッセルのパラドクス自体はツェルメロがすでに 1899 年に得て

---

　4) カントルとブラリ・フォルティは集合論に逆理が生じたとは思っていなかったらしい．カントルはアレフ全体は別種の集合として非整合的システムと名付ける，と言っており，またブラリ・フォルティは順序型全体は標準クラスではない，と言っているが「逆理」という言葉はない．ドーベンは「見たところカントルは Ω が生んだ形式的論理的矛盾を一度も考察しなかった」と述べた [Dauben 1990, p.243]．なお，カントルの非整合的多者 (inkonsistente Vielheit) にはシュレーダーによる先駆があるとファン・ハイエノールトは言う [van Heijenoort 1967, p.113]．たしかにシュレーダーは inkonsistente Mannigfaltigkeit という言葉を使った [Schröder 1890, p.213]（1966 年に Chelsea Publishing Company が発行した版においても，この部分は p.213）．しかしこれはカントルの非整合的多者とは異なる概念のように見受けられる．
　5) 高木は [高木 1931, 5 章] で「… 逆理 (paradox) だの，…」と書く一方で，その第 6 節ではボルツァノの Paradoxien des Unendlichen を「無限に関する逆説」と訳して区別している．

いたが[6]，これは公表されておらず，のち彼は [Zermelo 1908a, pp.118-119] の脚注として「私自身はラッセルのパラドクスを 1903 年より前にすでにヒルベルト教授へ伝えてある」と書いた．これが事実であったことは 1970 年代に明らかにされた [Gurattan-Guinnes 2000, p.313]．

さてもっとも早くこの問題に対処したのはヒルベルトである．ヒルベルトは 1898-99 年冬学期に幾何学基礎論の講義を行ったが，その内容はただちに単行本として出版された．そのなかで彼は形式的公理論を展開し，公理系の無矛盾性を論じたのである．そこではユークリッド幾何学体系の無矛盾性は実数論の無矛盾性に還元された[7]．だから彼は集合論よりも算術[8]の基礎を確立しようと考えたのであろう，引き続いて 1900 年に[9]「数の概念について」という論文を書き [Hilbert 1900]，実数の公理体系を提出，今度はどこにも還元しないこのシステム自身の無矛盾性を取り上げ，「このシステムの無矛盾性を証明することが実数集合の存在を意味する」と主張した．この「数学的存在＝システムの無矛盾性」はその後のヒルベルトの思想，形式主義の根源となった[10]．集合論のパラドクスがこの考えのきっかけであることは論を待たないであろう．その論文の末尾にはカントルがヒルベルトへのあの手紙で述べた，濃度に関するパラドクスが引かれているのである．さらにまたヒルベルトは同年パリの第 2 回国際数学者会議で行った有名な講演「数学の諸問題」でその第 2 番目にこの「実数体系の無矛盾性問題」を掲げている．これらについては後でもう一度触れる．続くハイデルベルク講演 [Hilbert 1904,

---

6) ツェルメロは "Antinomie"（二律排反）という単語を使っている．
7) 数学の公理的アプローチはデデキント (1887, 不十分)，ペアノ (1889) の先駆的業績がある．また形式的公理論の芽生えはすでにパッシュ [Pasch 1882] にある．彼はそこで「空間幾何学的直観から若干個の対象をとり，これを基本概念と呼び，これには定義を与えない …」と書いている（[ヒルベルト・中村 1943, p.242] における中村幸四郎の解説を参照されたい）．さらにヒルベルト自身 1891 年にベルリンのある停車場の待合室でシェーンフリーズらと幾何学の公理について論じ「点・直線・平面の代わりに机・椅子・ビールコップと云うことができるはず」という言葉によって彼の見解に彼独特の鋭い刻印を押したと伝えられる [Blumenthal 1935, pp.402-403]．ヒルベルトはこういった考えを彼の『幾何学基礎論』のなかで鋭く鮮明に打ち出したものといえよう．
8) ここでいう算術 (Arithmetik) とは実数論のことである．
9) 論文末尾の日付けは 1899 年 10 月 12 日とある．
10) ポアンカレも「数学において存在という語の持つ意味は一つしかない，即ち矛盾がないということを表す」と述べている [ポアンカレ 1953, p.161]．

p.175] でヒルベルトはおおむねつぎのように述べ，算術の無矛盾性を証明するプランを示した．

(引用者による要約)

フレーゲは伝統的な意味での論理学によって算術の諸法則を基礎付けようとした．彼の功績は整数の概念の基本性質と完全帰納法による推論の意義を正しく認識したことである．しかし彼は「一つの概念（集合）が定義され直接に利用できるのは，すべての対象がこの概念に属するかどうかが決定されるときに限る」ことを基本原則 (Grundsats) として受け入れた．その際，彼は「すべての」という概念に何らの制限も付けなかったので，まともにあの集合論のパラドクスにさらされたのである．**数の概念の研究では，むしろ最初からかかる矛盾を避けることおよびパラドクスを解明することが主目標として注目されるべきである**[11]．

しかしこの論述の内容の一部はポアンカレによって批判された [ポアンカレ 1953, pp.178–179]．以来ヒルベルトはやや間隔をおいて，とくに後半生はもっぱら，数学の基礎付けに関わった．上記のプランも後に詳しく説明された．

パラドクスを避けるために集合論の公理化の先鞭をつけたのはツェルメロ [Zermelo 1908b] である．当時は集合論言語というものが確立していなかったので "definit" という分かりにくい概念を使わなければならなかったが，ともかくカントル，ブラリ・フォルティ，ラッセルのパラドクスは一応避けることができた[12]．フレンケルはツェルメロの欠点を補っていわゆる置換公理を付け加えた [Fraenkel 1922]．同じ頃スコーレムは1階述語論理の言語（まだこの用語は使われていないが）を用いてツェルメロの "definit" に明確な定義を与えると同時に置換公理もフレンケルと独立に提出した (1922) [van Heijenoort 1967, pp.292–293, 297]．これで集合論システム ZF(C) あるいは ZFS(C) ができあ

---

11) 引用者注．太字部分は，原文で他の部分と異なる字体になっている箇所である．
12) 他のパラドクスも含め，パラドクスが生じるとただちには言えなくなったという意味において，一応「避ける」ことができた．

がった．数年してフォン・ノイマンは集合とクラスの2種類の原始概念を用いるシステムを考案した (1925) [van Heijenoort 1967, pp.394–413]．これは後，ベルナイスにより整備されゲーデルの修正を加えて集合論システム NBG となった[13]．

1.2 集合と論理はいかにして日本にもたらされたか

日露戦争は日本の勝利で終結したが，講和条約の内容に対して日本国民の間に不満の声がくすぶり，大阪，東京，神戸，横浜，名古屋などでは相次いで講和反対集会が開かれ，暴動に発展することもあった．その翌年，1906年4月28日，現チェコのブルノでゲーデルが誕生した．まさにその2日後，東京の陸軍青山練兵場では日露戦役凱旋観兵式が盛大に行われた．現在の明治神宮外苑である．この地を訪ねると当時から現在までに流れた時の長さを実感できる．青山通りから外苑に入ったときに見える銀杏並木は，ゲーデルとほとんど同世代[14]なのである．ゲーデル生後2日目にたまたま凱旋観兵式が行われたという以外，ゲーデルと神宮外苑の間にはなんら関係はないが，以後，折に触れて神宮外苑の景色について述べることがある．わが国の時代背景を象徴的に描くためである．

さて，集合論は日本にどのような形で入っていったのであろうか．『日本の数学100年史』上巻 [日本の数学100年史 1983] によれば，前記の吉江は東京帝国大学でかなり早い時期に集合論を講義したらしい．1909（明治42）年林鶴一は当時わが国に流布していた微積分学の本の基礎が薄弱であることを憂い，ジョルダンの『解析教程』(1893, 94) の一部分を翻訳し出版した

---

13) ここで，ZF は通常ツェルメロ・フレンケルの集合論公理系と呼ばれるもので，Zermelo, Fraenkel の頭文字をとって ZF 集合論というのである．とくに選択公理 (axiom of choice) を加えたシステムを ZFC で表す．スコーレムの貢献を入れて ZFS, ZFSC と書く人もいるが，あまり使われていない．また NBG は von Neumann, Bernays, Gödel の頭文字をとってつけた名前である．前者では集合と所属関係 ∈ のみが原始概念であり，クラスは超数学的に用いられるものであるが，後者はクラスも原始概念としてもつシステムである．これらシステムの詳細は第4巻で述べられる．
14) 1908年に採集した「ぎんなん」を育てたものである．

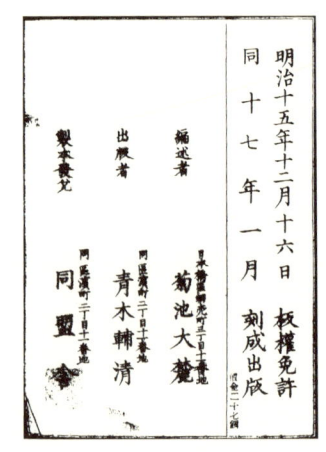

図 1.2　菊池大麓編述『論理略説』の扉（左）と奥付（右）[菊地 1882].

[林 1909]．彼の私見も加え増補改ざんした（序文の言葉）が，その第一は一般集合論を付け加えたことである．第二章「集合編」は 28 ページ，そのうち一般集合論の部分の項目は「総説」「集合の定義」「集合の関係」「集合の濃度」「無限集合」「聯合集合」「結合集合」「可附番集合及非附番集合」（非可附番集合のこと），「可附番集合の定理」「有理数の集合」「代数的の数の集合」「非附番集合の実例」「無理数の集合」「超越数の集合」である．この後は「n 次元空間の点集合」「閉集合」「開集合」… と続く．濃度計算，順序数論，選択公理などはなく，わずか 10 ページにすぎない不十分なものであるが，邦語で現れた集合論の最初の出版物として意義のある本と言えるであろう．また点集合論も邦語での初めての記述であろう．

次に「論理」という言葉の初出は『日本の数学 100 年史』によると，菊池大麓が編述した『論理略説』のようである [菊池 1882][15]．江戸時代までは論理学に相当するものは 因明(インミョウ) と呼ばれていた．これは古代インドの論理学が

---

15) 山川偉也・清水真一『論理開眼』世界思想社 (2000) によると：'Logic' は最初西周により「致知学」と訳された (1874) が，後に (1884)「論理学」に変更されたとある．——これは [菊池 1882] の影響であろうか．西は 'Philosophy' を「哲学」と訳したことでも知られる (1874)．

I　ゲーデルと日本——明治以降のロジック研究史

中国仏教を経て日本に持ち込まれたものである．三段論法に類似するものをもっていたようである．菊池の本の序文の冒頭を記すと

> 本書はスタンレー・ジェヴォンズ氏の著せる"エレメンツ・オブ・ロジック"により，かたわらミル，ベイン，トムソン等を参考し，初めて論理を学ぶ者をしてその大署を識らしむるを目的としかつ童蒙に解し易からしめんがために平易にこれを説きたる者なり…

と言っている．そして訳語はもっとも困難とするところで，ここではなるべく簡易なる語を用いたとある．今日使われている用語も含まれている．いくつかの例をあげよう．カタカナは対応する単語の左側に付けられたふりがなである．当時ふりがなは縦書きの左側に付けていたのである．

> インダクション＝帰納法，デダクション＝演繹法，メーショル（マイノル）・フレミス＝大（小）前提，アキシオム＝公理，など．

今日と異なる訳語の例として，フリガナ＝訳語＝今日の用語，の順に記す：

> シロシスム＝推測式＝三段論法，フィギュアー＝形象＝格，レダクション＝化成＝還元，コンジショナル＝設若＝条件付，ジスジャンクチヴ＝離接＝選言，ダイレンマ＝二重体＝両刀論法，ア・プリオリ＝先天＝先験的，などなど．

訳語の苦労が分かる気がする．例文は翻訳でなく，純日本文である．たとえば「総ての日本人は亜細亜人種なり」「（故に）義経は罪を犯したるに非ず」といった具合である．また A, E, I, O [16])をそれぞれ 阿，江，以，於で表し，あの 64 様法 ×4 = 256 形式のうち（第 1 格阿阿阿，というような）正しいものが 19+5=24 通りあることを，オイラー図を使って説明している．

16 年後 1898 年 9 月に発行された高山樗牛の『論理学』[17)][高山 1898] では用語：三段論法，式，格が用いられている．他の用語も多くは今日使われているものである．この間に哲学ですでにそれらが使われていたようである．

---

16) A, E, I, O および様法 (mood)，第 1 格などは伝統的論理学の用語．
17) 前出の高木『新撰算術』と同じシリーズ「帝国百科全書」．

第 1 章　高木貞治と数学基礎論——明治・大正期の先駆者たち　　*41*

内容は「論理学は推論の形式的法則を研究する科学なり」で始まる伝統的論理学であるから，19世紀の数理論理学者といえるであろう人びと（ド・モルガン，ブール，ジェヴォンズ，ヴェン，シュレーダーら）には言及していない．ちなみに手許にある1935年版速水滉の『論理学』[速水 1935]（初版は1916）では上記の名前（ただしド・モルガンを除いて）が引用されている．しかし「記号的論理学はいまだ完全な一学科として認めるまでに発展していない」として1ページ弱の記述があるだけである．当時ではたしかにこの著者の言う通りであったろう．「記号的」論理学——数理論理学——はいつ頃日本で取り扱われるようになったのであろうか？　数理論理学を誕生させたとも言えるブールの業績は早くから伝わっていたであろうし，そしてもちろんホワイトヘッドとラッセルの共著（1910年に刊行開始）[18]は知られていたが，本格的な数理論理学はヒルベルト・アッケルマンの『記号論理学の基礎』[Hilbert and Ackermann 1928]が入ってきた後のことであろう[19]．西欧でもこれだけ整った数理論理学の成書はこの本が最初であろう．なお数理論理学に関する専門雑誌 Journal of Symbolic Logic の第一巻が発刊されたのは1936年である．

　わが国で自然数論を公理によって建設する試みは高木貞治『新式算術講義』[高木 1904]あたりからであろうか．公理という用語を本文では使わず，単に「条件」と言っている．前出の高木貞治『新撰代数学』では実数を法則によって規定して論じているが自然数論ではない．『新式算術講義』には「四則算法を支配する根本的の法則を略叙し，読者の記憶を新たにし，以って新研究の地を成さんと欲す」とある．ペアノの公理には触れていないから，数学的帰納法は法則のなかに入っていないが，アルキメデスの法則の前段階のような法則を直観的に認め，それから数学的帰納法を直観的に導いている．『新撰算術』では，数学的帰納法は数論のなかにはなくて，むしろたとえば，和や積の

---

18) [Whitehead and Russell 1963] の初版本．
19) このなかで「決定問題は数理論理学の中心問題であると云ってよい」と述べられている（おそらくヒルベルトの言であろう）．ヒルベルトは当時そう思っていたのだろう．もちろんチャーチやテューリングにより1階述語論理の決定問題が否定的に解決された後のアッケルマンによる版——たとえば手許にある1959年版——ではこの言葉は省かれている．

図 1.3 髙木貞治

結合法則が因子の個数如何にかかわらず成り立つことを，因子の個数に関する数学的帰納法によって証明している．すなわち数学的帰納法はある意味でメタ数学的に使用されていたのである．そこでは「ディリクレーに従い」というクレジットがついている．『新式算術講義』で興味あるところは，その付録 (p.9) でヒルベルトの 1900 年の論文を引用していることである．

> ⋯ その方法開発的 (genetish, heuristisch) なり．ヒルベルト (D. Hilbert, Göttinger Nachrichten, 1900) はこれに反し,「アキシオマチック」(axiomatisch)（幾何学的）に数の概念を組み立てたり．即ち先ず数の概念の内容を既定とし，若干の相互独立せる公理を立しこれを分析して数の概念を闡明せんとするなり ⋯

と記している．この 1900 年ゲッチンゲン報告の論文はヒルベルトのあの有名な「23 個の数学の問題」である．先に少し触れたようにその第 2 問は算術の無矛盾性問題である[20]．その第 4 パラグラフと，第 5 パラグラフの一部は

> これに反して算術公理の無矛盾性の証明は直接的方法を必要とする．算術の公理は本質的には連続の公理をもつ周知の計算規則に

---
20) 前述のようにヒルベルトは実数論のことを Arithmetik（算術）と呼んでいる．

ほかならない．私は最近それらを組み立てた[1], そして ⋯

となっていて，この脚注1は "Jber. dtsch. Math.-Ver. Bd. 8 (1900) S. 180". それはヒルベルトが彼の思想「数学的存在＝そのシステムの無矛盾性」を初めて披瀝した「数の概念について」[Hilbert 1900] である．なおこの論文が「すべての濃度の集合のようなシステムは私の意味での無矛盾な公理系ではないから数学的には存在しない概念である」で結ばれていることは注目すべきところである．高木貞治はこの脚注の文献から得た知識やゲッチンゲン滞在中 (1900–01) に聞き知った知識に基づいて『新式算術講義』に上記の文章を書いたにちがいない．したがって，高木はまさしく初期の時点でヒルベルトの数学基礎論に遭遇していたのである．高木は生涯数学基礎論に関心をもち続けたといわれているが，その始まりはこの『新式算術講義』を執筆したときに芽生えたものであろう．

しかし一方でペアノの公理系がいつ頃日本にもたらされたかは定かではないが，つぎに述べる田辺の本はペアノの公理に言及している．したがって人びとの口にのるようになったのは大正期に入ってからであろう．この哲学者田辺は大正期に（1919 年まで）東北帝国大学理学部にあって，数理哲学を研究し，『東北数学雑誌』や『哲学雑誌』に成果を発表，それらをもとに『数理哲学研究』[田辺 1925] を出版し，これは彼の学位論文となった．哲学者西田幾多郎の序文によれば「この書は批評哲学の立場から現代数学の根本概念を論じその認識論的性質を明らかにしたもの」であるという．したがってこの本は数学基礎論そのものの研究ではないが，ポアンカレ，ペアノ，ヒルベルト，ラッセル，ブラウワーに言及しており，彼らの主張を邦語で記した初めての論説であろう．ここで田辺の言を若干披露しよう．まず数理哲学について（同書序文より）

> ⋯ 古来哲学の重要問題に属した無限とか連続とかいうものの本質は，少なくとも論理的には近代数学の概念構成に由って，今まで嘗て与えられたことのない程の解明を与えられたのであって，之を哲学的に反省し理解する数理哲学は，哲学の全体に対しても重要な寄与をなしていると認めなければならぬ ⋯

という．また，数学的論理説[21]についてはつぎのように述べている（同書本文 pp.19–21 より要約抜粋）．

> … その先駆たるものはライプニッツである．彼は数学を以って量の学なりとする旧来の思想に反し，一般なる要素の関係を論ずる Kombinatorik と考えた ⋯．… かくて数学的論理学（論理計算）なるものがシュロェーダーの如き人の手によって大なる発達を遂げ，終に数学者ペアノは自家の記号論理の上に数学の根本概念，原理を論理的に組織して Formulaire de Mathematiques（1891 年）の書を著したのである．ラッセル之を承けて更に別に数理の基礎を論理の上に築かんとせるフレーゲの業を参酌し，また自家の研究に成る『関係の論理』を加えて The Principles of Mathematics の大著を公にした …

この後にこれらの人びとの数学的帰納法の取り扱い方が述べられている．田辺の時点でペアノの公理がわが国に取り入れられたと言ってよいのではなかろうか．なおここで彼はヒルベルトの方法を「公理主義」と呼んでいる．わが国ではこの用語がかなり浸透しているように見える．林晋 [林晋 2000] は公理主義という用語が日本特有の言い方であると指摘している．

さらに，1926 年の雑誌『東洋学芸雑誌』第 42 巻に現れた藤原松三郎「数学最近発展の一瞥見」[藤原 1925] にもポアンカレ，ツェルメロ，ラッセル，ヒルベルト，ブラウワーについてごく簡単に触れた記事がある．同雑誌同巻の後の号には，「数学の危機とその哲学的意義」[吉田洋 1925] があり，これはドイツの雑誌『自然科学』のなかのレーヴィによる論説を吉田洋一が翻訳したものであるが，ブラウワーの所説の哲学的意義を「論理の法則は経験しうるもののみに応用されるべきである」と記している．

このようにして日本の数学界に数学基礎論についての知識が蓄えられていったわけである．

少し本筋から離れるが，この時期に行われた講義のノートがあるので紹介しよう．それは東北帝国大学理学部で藤原松三郎が 1928 年度に講義した「実

---

[21] 田辺は見出しで "数学的論理説" といい，文中では "数学的論理学" と記した．

関数論」で，当時の学生近藤基吉が A5 版ノートに筆記した 190 ページの記録である．濃度などに関する一般集合論から始まり，「ワイエルシュトラス・ボルツァーノの定理」「ボレル・ルベーグの定理」「アルツェラの補題」「ペアノ曲線」「ジョルダン曲線」「ベールカテゴリー」「ベール関数」「ワイエルシュトラスの関数」「連続関数の多項式近似」「フーリエ級数」「ルベーグの定理」「コンパクト性」「距離関数」「ボレル可測」「ルベーグ可測」「リーマン積分」「重複積分」「ルベーグ積分」「スティルチェス積分」「非可測集合」「選択公理」「可測関数」などが講義されている．上記これらの内容は第二次世界大戦後しばらくの間大学で講義されていたものとほとんど変わらないと思う．

第2章

昭和初期の日本に届いたゲーデルの波紋

2.1 ゲーデルがウィーンで学位を得た頃，日本人による集合と論理の研究が始まった

関東大震災 (1923) のとき，東京市中にあった江戸の街並みの名残の多くが灰燼に帰した．その翌年，ゲーデルはウィーン大学に入学した．当時，明治神宮外苑は創建 (1926) に向けて準備中であり，初代の競技場が竣工し，並木の銀杏の高さは 6 メートルほどだった．まもなく，銀座には短い髪に洋装のモダン・ガールが現れるようになった．東京帝国大学では 1925 年に講堂が竣工した（安田講堂）．ゲーデルがウィーンで学生として過ごしていた頃，大阪や東京では郊外と都心を結ぶ鉄道の整備が進みつつあった．東京では比較的震災の被害が軽かった南西の郊外などで住宅街の建設や大学の誘致が進んだ．たとえば，東京工業大学は，その前身となる学校が蔵前で焼失した後に，大岡山周辺に本拠地をおくことになった．近所の田園調布は当時の新興住宅地である．ゲーデルが完全性定理についての学位論文を提出した 1929 年にはニューヨーク株式市場が大暴落し，世界恐慌が始まった．翌 1930 年には完全性定理のジャーナル論文が出版された．この年の 3 月には東京で帝都復興祭が行われ，横浜港で山下公園が開園した．この公園は震災の瓦礫で海を埋め立てて造成したものである．翌 1931 年はゲーデルの不完全性定理の論文が出版された年である．同年 9 月にはいわゆる満州事変が勃発し，日本は長

い戦争の時代へ突入した．翌 1932 年，東京市は周辺地域を併合して市域拡張を行い，35 区，人口約 497 万人となった．このときの市域は現在の 23 区よりわずかに狭い範囲である．話は変わるが，筆者が就学前のこと（今から思えば 1933 年 12 月のことであった），祭りでもないのに昼間花火が上がったことがあった．親に何かあるのと尋ねたところ，皇太子殿下（今上天皇陛下）がお生まれになったと聞かされた．

さて，日本における数学基礎論（一般集合論・記述集合論・数理論理学を含む）の研究論文第一号は何であろうか．筆者の知る限り，1920 年代までは皆無といえる．おそらく黒田成勝 "Zur Algebra der Logik, I, II, III"[1]，*Proc. Imp. Acad. Japan*, Vol.6–7 (1930–31) [Kuroda 1930–31] がその第一号と思われる．内容は命題論理のなすブール代数の一種の相対化を取り扱ったものである．当時まだ「ブール代数」という用語は使われていなかったようで，この論文にもこの言葉は現れていない．続いて *Tohoku Math. Journal* に出た，伊藤誠 "Einige Anwendungen der Theorie des Entscheidungsproblems zur Axiomatik"[2]，およびその続き [Ito 1933/35] がある．この論文は，ベルナイス・シェーンフィンケルの決定手続きをある公理系の無矛盾性などへ適用したもので，前述のヒルベルト・アッケルマンの本が引用されたり，また無限長論理式も現れたりする．無限長論理式は 19 世紀後半にまで遡れるが，よく知られたところではレーヴェンハイム (1915)，スコーレム (1920) による取り扱いがある[3]．伊藤論文はこれを取り入れたわが国での最初のものであろう——とはいうものの当時日本では数理論理学の論文自体がきわめて少なかったが．そしてこれは数学批評紙 *Zentralblatt für Mathematik* の 7 巻と 11 巻で論評されている（評者，A. シュミット）．なお 7 巻の同じページに，ある外国人の論文に対するゲーデルによる評論が載っていることが興味を引く．

---

1) 和名「論理の代数について」．
2) 次ページに伊藤自身の訳がある．
3) 無限長論理式はツェルメロも 1921 年 7 月 21 日という日付けのノートのなかで使っている．そこには「純粋数学の命題は "無限的性格" をもつ，すなわちそれは無限領域に関係し，無限個の原始命題の連言・選言・および否定による結合として把握されるべきである」と述べてある [van Dalen and Ebbinghaus 2000]．無限長論理はしばらく中休みして，1950 年代にモデル理論の興隆にともなって再開されたと言えるであろう．

「… それによってもちろん完全性（範疇性）が失われるが，しかしなおそのことを言い張っている（それはいかなる意味でも明らかでない）」と手厳しく論評している．さて，日本数学物理学会年会での発表としては 1931 年度京都帝国大学での講演（10 月 30 日）に伊藤誠「数理論理学の公理学への一適用について」がある．おそらく上掲の論文の内容の発表と思われる．総合報告としては黒田成勝「数学の基礎に関する最近の諸説について 1, 2, 3」[黒田 1930–32] がある．これは，数学とくに解析学を基礎づける方法として，公理的方法，集合論を制限する方法，および直観主義の方法が考えられるといい，それらを解説したものである．ラッセルは引用されているが，論理主義という言葉は出てこない．その 2 はワイルの Das Kontinuum（連続体）(1918) などによる解説であり，その 3 はフォン・ノイマンの解説 [Von Neumann 1927] である．[Gödel 1931] 以前なので，願望的な言い過ぎのところがある．これはもちろんオリジナルな論文ではない．

ここで 1930 年代前半の日本で数学基礎論関係のどんな学会発表があったかを見よう．*Nippon Sugaku-buturigakkwai Kizi, Proceedings of the Physico-Mathematical Society of Japan*[4] *3rd Series*（Vol.1 は 1919 年），および『日本数学物理学会誌』（Vol.1 は 1927 年）によって調べると以下のようである．

年会 1931 年 10 月 29–31 日京都帝国大学
 伊藤 誠： 数理論理学の公理学への一適用について
年会 1932 年 4 月 1–2 日東京帝国大学
 黒田成勝： Über die Axiomen der mathematischen Logik
年会 1933 年 4 月 2–3 日東北帝国大学
 高木貞治： 自然数論について
 功力金二郎： Axioms for betweeness in the foundations of geometry
 内田良道： 数学の新基礎付けについて

---

4)　和名「日本数学物理学会記事」．

年会 1934 年 4 月 3-6 日
　功力金二郎：　ルージン分離の原理について
　伊藤　誠：　　ハイティングの直観主義的論理学について
　平野次郎：　　Hessenberg の Kette の理論について
　近藤基吉：　　E. Borel 氏の function calculable について
年会 1935 年 4 月 2-5 日大阪帝国大学
　近藤基吉：　　点集合における測度と類との関係について
　功力金二郎：　解析集合論について
　稲葉三男：　　Kontinuumhypothesis に関する一つの命題
　伊藤　誠：　　Betweeness, cyclic order 並びに Separation に関する公理体系の完全性について
　平野次郎：　　集合論のある公理化について
　白石早出雄：　直観的連続について

　1933 年度までのものについては後述の一つを除いて内容が不明である．記録（ごく簡単なアブストラクト付き）によれば，1934 年度の発表は，伊藤講演は「ハイティングの直観主義的論理学 (1930) ＋ 排中律」がヒルベルト・アッケルマンなどの普通の論理学になる，というものである．彼がこの事実を最初に指摘したのかどうかは定かではないが，当時のわが国では新知識であっただろう．平野はツェルメロの立場とツェルメロ・フレンケルの立場の考察であり，近藤はボレルの計算可能関数の範囲を規定する試みである．1935年度の内容は不明である．岩波書店の『科学』は 1931 年に発刊された科学情報誌である．その第 3 巻に高木貞治は論述「自然数論について」[高木 1933] を書いた．これは上記 1933 年年会の高木の発表内容である．ペアノの公理が記され「公理方式では，公理の背後にあるものは Metamathematik に委譲するという」と述べられている．Metamathematik（超数学）という術語の日本初出かもしれない[5]．

---

5) Metamathematik という用語は数学基礎論としてはヒルベルトが初めて用いたもので「本来の数学をむだな禁止令という恐怖やパラドクスの危険から守る安全装置として用いられ，そこでは形式的証明方法ではなく内容的推論が適用される．しかも公理たちの無矛盾性証明にまで適用される」と説明されている [Hilbert 1922, p.174]．また [Hilbert 1926,

2.2 不完全性定理

1931年春，メンガーはアメリカでの滞在を終えて帰国の途路[6]，日本に立ち寄った．[彌永 1983] によると，このとき彌永は彼からゲーデルのことを聞いたという．よってわが国でもゲーデルの不完全性定理はかなり早い時期に知られていたわけである．論文 [Gödel 1931] が到着する前であったにちがいない．また [Wang 1987] [Dawson 1997] [高橋 1999] などによれば，1930年9月（当時はドイツであった）ケーニヒスベルク大学で精密科学認識論会議が開かれ，[佐々木 2001] によれば日本からも末綱恕一と中村幸四郎が参加していたという．そしてその最終日9月7日の数学基礎論討論会でゲーデルが不完全性定理を発表したのである．その邦人二人がこの討論会に出席したかどうかは定かではないが，セッションの議事録を受け取っていれば，不完全性定理を一番早く知った邦人ということになる．

しかし二，三年の間はゲーデルの不完全性定理の邦語での記事は現れなかったようである．田辺元は『科学』第4巻に「論述：数学の基礎再吟味」[田辺 1934b] を書き，今野武雄が反論したが，ゲーデルには触れていない．田辺は『岩波講座　数学』に「数学ト哲学トノ関係」[田辺 1934a] という項目を執筆したが，形式主義の限界という節を設けながらもゲーデルには触れなかった．ゲーデルの不完全性定理の邦文による最初の解説は『岩波講座　数学』の「数学基礎論」[黒田 1932-33] においてであろう．黒田成勝はその第4章（末尾に1933年11月という日付がある）において，まずアッケルマン，フォン・ノイマンによる自然数論のある部分体系の有限の立場からの無矛盾性証明を述べ，続いて自然数論の ω 不完全性の証明を略述した．ゲーデルの第二不完全性定理についても触れている[7]．また同書の末尾での著者の言は面白い．

---
p.181] では「形式化された証明の内容的理論」という意味で用いられている．しかしこの用語自体は後者に近い意味ですでにカントルの1884年の論文にある．カントルの1887年の『哲学雑誌』に載せた論文では「新しい」という形容詞をつけて使われているので，その頃哲学方面で新しく出てきた術語であろう [カントル全集, pp.213, 391]．
  6) おそらく4月と思われる．
  7) 黒田は ω 無矛盾性を仮定しての不完全性を ω 不完全と呼んでいるようであるが，こ

図 2.1　黒田成勝

　数学基礎論は，"ほととぎす"は鳴きかけている[8]．折角ここまで育ったものを"鳴かなけりゃ殺してしまえ"は短気である．と云っても"ゲッチンゲンで鳴くのを待とう"は腑甲斐ない．"鳴かせて見しょう"と秀吉の勇を起こされる読者があれば筆者の微意は酬いられたのである．

　なお，黒田は1936年に共立社から『集合論』[黒田 1936]を出版しており，数学基礎論の普及に大きく貢献している．内容はツェルメロ・フレンケルの公理的集合論で，それに従って順序数論・計量数論（基数論のこと）を展開している．もっとも当時は「集合論言語」という概念が普及していなかったので，命題や命題関数の定義が今日ほどは明確でないが．公理的集合論では平野次郎が『岩波講座　数学』に「公理的集合論概要」[平野 1934]を書いている．こちらは前者の約半分の52ページであるが，フォン・ノイマンの公理系も解説している．前述の共立社からは，高木貞治『数学雑談』[高木 1931]

れは現在使用されている ω 不完全とは意味が異なる．また全自然数論の無矛盾性の取り扱いについては誤解があるように見える．
　8)「ホトトギスを鳴かせる」は高木が『近世数学史談』[高木 1933a]の附録2「ヒルベルト訪問記」の中で述べているので，黒田はそれを借用したのかもしれない．あるいは，黒田が高木と会談した際に話題になったのかもしれない．

が出ており，そのなかで「数理がつまずく」という題で数学基礎論が解説されている．前記田辺の論文あるいは著書では数学基礎論自体は語られていないので，たぶんこの本が数学の危機を雑談的とは言うものの数学として記した最初の邦語解説であろう．さらに同社からは辻正次による素朴集合論の本 [辻 1934] が出版されている．これは戦後の一時期まで広く読まれた．点集合論を含んでいて，ジョルダンの単一閉曲線定理の証明や次元論も述べられている．

　ところで，不思議なことにこの時期，ゲーデルの述語論理の完全性定理 (1930) [ゲーデル全集 I, pp.102–123] を述べた記事が見当たらないのである．上記 [黒田 1932–33] の第 1, 2 章は命題計算（命題論理）と関数計算（述語論理）であるが，命題論理の完全性は述べられているが，述語論理の完全性には触れていない．筆者の知る限りこの本は当時唯一の邦語による数理論理学書である．

　さて，ゲーデルの名前が現れた他の資料に目を向けてみよう．再び高木貞治である．彼は 1934 年秋大阪帝国大学で集中講義を行ったが [高木 1935]，その第 3 講で「数学基礎論と集合論」を取り上げた．

> 先年ウィーンへ行ったがあそこでは基礎論に興味をもつ人——専門家にゲーデル——が大勢いるが，私が基礎論が今少し簡単明瞭にならないものかと云ったら笑っていました …

とある．この後はずっと下って小野勝次の学位論文（これは本邦初の証明論の論文であろう）である．彼は "Logische Untersuchungen über die Grundlagen der Mathematik"（『東京帝国大学理学部紀要』）[小野 1938] のなかでゲーデルとゲンツェンを引用している．彼はその後，前出の『科学』(1941 年 12 月号) の学界展望 [小野 1941, p.482] で

> ゲーデルの結果によって数学基礎論はいはば岐路に立たされたのであった．立場をもっとゆるめるか，あるいはこの立場で無矛盾性の証明のなされる範囲をぎりぎりのところまで求めるか．ゲンツェンは前の立場をとったが，自分はその後で後の立場に立ち数学的帰納法に多少の制限を与えること によって自然数論の無矛盾

性を有限の立場から証明した．

と述べた．もう一つの資料は白石早出雄『数と連続の哲学』[白石 1943] である．同書には数学基礎論という一節があって，ヒルベルトの方法，数理論理学，超数学などに簡単に触れ，その節の末尾でゲーデルの結果，ゲンツェンの結果を簡潔に述べ，それらの文献を記している．上記小野の論文もあげている．

ゲンツェンの名前が出てきたのでついでにエルブランに言及すると，やはり『科学』に彌永昌吉が科学雑纂 "Jacques Herbrand"[彌永 1935] を書き，彼のアルプス登山事故死，先輩友人がいかに彼の死を惜しんだか，および彼の業績，とくに数理論理学の業績を紹介した．しかしエルブランがわが国の数理論理学以外の分野でよく知られるようになったのはいわゆる定理の機械証明が脚光を浴びるようになってから，とくに J.A. ロビンソンの導出法 (resolution) が入ってきてからであろう．これは西欧でも同様だったと思われる．[Schagrin et al. 1985, p.309] によれば「1930 年代にはエルブランの結果を適用するために使えるコンピュータは存在しなかった．しかし 1960 年代になって定理の機械証明に対するエルブランの定理の重要性が認識され，多くの計算機科学者や論理学者たちがそれが実際の計算機にどのようにして適用できるかを示し始めた …」とある．筆者も 1970 年代半ば頃から大学院（工科系）の講義やセミナーでゲーデル・エルブラン・ゲンツェンの名前あるいは結果の一部に触れるようになった．

2.3　1930 年代後半の日本における数学基礎論

少し戻って 1930 年代後半を語ることにしよう．まず日本数学物理学会の学会発表からみてみよう．数学基礎論関係のものはつぎの通りである．それらはまとめて掲載されていたので，一つの部会であったらしい．ただし高木の講演は学会発表ではない．

年会 1936 年 4 月 1–4 日東京帝国大学 座長：黒田成勝，司会：小野勝次
 近藤基吉： 点集合論における B. Knaster 氏の仮説について
 功力金二郎： Baire の性質に関する Kuratowski の問題について
 内田良道： 数学の新基礎付けについて 1. カントル及びデデキントの実数構成法について
 小野勝次： 物の範囲の一拡張原理について
 伊藤 誠： 有限多値論理学について
 平野智治： 数学基礎論に対する一つの態度
 平野次郎： 集合論的概念の定義可能性について
第 13 回特別講演記事 1936 年 11 月 5 日東京帝国大学理学部
 高木貞治： 黎明の数学基礎論（350 名）
年会 1937 年 7 月 19–21 日北海道帝国大学
 平野次郎： 集合論の公理化についての二三の注意
 稲垣 武： 空虚解析集合について
 近藤基吉： 集合に関する解析算法について
 功力金二郎： 射影集合論における存在定理について
年会 1938 年 4 月 1–4 日東京帝国大学
 稲垣 武： 補解析集合の組成分の class について
 功力金二郎： 解析集合と Borel 集合との関係について
 近藤基吉： 第二級の射影集合について
 小野勝次： Über den Widerspruchslosigkeitsbeweis der Zahlentheorie
 平野次郎： 集合論の公理的表現
 平野智治： 数学的帰納法について
 平野智治： 無限大の除去について
年会 1939 年 4 月 1–4 日京都帝国大学
 稲垣 武： 補解析集合の組成分の分布について
 近藤基吉： 関数に関する解析算法について
 功力金二郎： Borel 集合と解析集合との関係について

図 2.2 小野勝次(左)と近藤基吉(右). 九州大学にて (1964 年 10 月).

年会 1940 年 4 月 1–4 日東京文理科大学[9]
    功力金二郎：   Borel 集合の射影について
    近藤基吉：   集合の径数表示について
    稲垣 武：   Kurepa の問題と 0-separable な空間

以上が 1936–40 年の発表である．この頃はわが国では位相数学研究が活発になった時期であり，一種の情報交換誌『位相数学』(1938–43) も発刊された．そして数学の基礎に関連して功力・近藤・稲垣らによって記述集合論が精力的に研究された[10]．なお上の表の高木による講演内容は資料がないので分からないが，前に述べた 2 年前の大阪帝国大学集中講義の第 3 講「数学基礎論と集合論」の末尾の言葉「…それを口先で証明にしたり paradoxe にしたりする．実質的におなじものが三寸の舌頭で証明になったり不合理になったりするようでは，数学基礎論の前途は遼遠と思われます」から推測してや

---
  9) 後に東京教育大学を経て筑波大学．
 10) 記述集合論は位相数学にも関係しているので上記の雑誌『位相数学』には多くの論文・解説・論文紹介が掲載された．

や否定的な——とまではいかないかもしれないが——お話であったのだろう．すでにゲンツェンによる自然数論の無矛盾性証明が公表されていたので，そのことやゲーデルの不完全性定理にも触れたにちがいない．講演の内容を知りたいものである．

　記述集合論とは，連続体の部分集合や連続体上の関数でいわゆる定義可能なものの研究である．20世紀初頭ツェルメロの選択公理をめぐって，集合や関数を「与える」とはどういうことか，が論じられた．たとえば，関数とはディリクレ流に「対象間のまったく任意の対応」のことである．これは対応がどのように与えられるかという，その与えられ方には全然かかわりがないものである．当時ベールやボレルらのフランス新進気鋭の数学者たちは「こんな一般な概念が受け入れられるべきか？」と疑問に思ったのである．そして集合・関数はエフェクティヴに（具体的に）[11]与えられるべきであると彼らは主張した．記述集合論はこのような状況の下に「定義可能（記述可能な）」対象を研究する学問として誕生したのである．1920年以降ロシア・ポーランドを中心に活発な研究活動があり，この時期わが国でも上記3人によって重要な貢献がなされた．

　なかでも近藤の結果 [Kondo 1938] は，20年後，数理論理学における再帰理論から見直され，「近藤・アディソンの一意化定理」として知られるようになった．これはいろいろな応用があり，引用度の高い結果である．近藤自身のこの古典的一意化定理とゲーデル（ゲーデルはもちろん記述集合論に大きな関心をもっていた）との興味ある関係は後で述べる．功力の研究 (1935–40) も後に幾人かの研究者によって追究された．

　ここで現代数学としても歴史的にも重要な近藤の定理について手短に述べておこう．簡単のためユークリッド空間の集合を考える．ボレル集合の連続像を解析集合というが，補解析集合は解析集合の補集合のことである．このとき，平面上の補解析集合は補解析集合によって一意化される．この結果を近藤の一意化定理という．言い方を変えれば，空でない補解析集合たちから「一様な」方法でそれぞれ同じ複雑さの1点を選出できるということであり，

---

11) effective(ly). 適切な訳語がみつからないので一応「具体的（に）」としておく．再帰的関数理論にも登場する言葉である．近藤は「具現的」と訳していた．

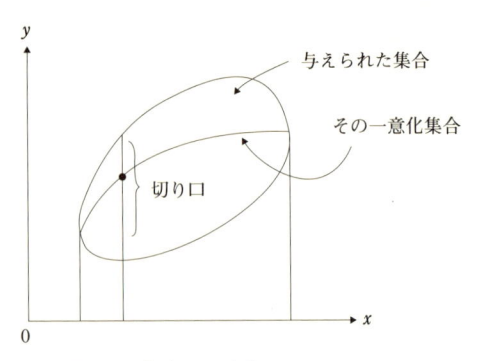

図 **2.3** 集合の一意化 (uniformisation)

補解析集合に対する一様かつ「エフェクティヴ」な1点抽出を与える定理である．詳細は本シリーズの集合論に関する巻（第4巻）に譲る．解析集合の発生については後で再び触れる．なお功力ではとくに「功力・アルセニンの定理」がよく知られている [Kunugi 1940].

この時期の研究論文としてはすでにあげた功力 (1935–40)，[小野 1938]，近藤 (1937–40) の他に，稲垣 (1937–40)，[Hirano 1937] などがある．前者は記述集合論に関するもの，後者はフォン・ノイマンの集合論展開を補強し「出発の基礎を方法論的に強固にした」ものである．

2.4　ゲーデルの 1933–40 年の動向——横浜経由での渡米

ゲーデルは 1933 年にプリンストン高等研究所へ招かれたが，客員の身分であったため，そしてウィーン大学で私講師の身分でもあったため，プリンストンの専任所員になるまでの間はヨーロッパとアメリカとの間を往来していた．これにまつわる一つの挿話がある．1940 年 1 月，ゲーデル夫妻はオーストリアを後にし，シベリア鉄道経由でアメリカを目指した．2 月，夫妻は予定より少し遅れて横浜に着いた．予定していたアメリカ行きの船はすでに出港した後だった．そのため，夫妻は次の船を待つため 2 週間あまり（2 月

2日から2月20日）横浜に滞在した．[竹内 1989a] によれば，そのとき一人の日本人がゲーデルに会いにいったという．その人は平野智治[12]で，竹内が直接本人からその話を聞いたという．しかしゲーデルが横浜に寄港しているという情報は当時どのようにして得たのであろうか，興味あるミステリーである．

1940年に開かれるはずだった東京オリンピックは中止になった．この年は皇紀2600年であり，祝賀行事が日本の各地で催された．数学界では，高木貞治[13]が1940年に文化勲章を受章した．

ゲーデルは1934年春プリンストンでの講義で，1階自然数論の形式的体系を記述してその不完全性定理を証明するとともに今日エルブラン・ゲーデル・クリーネの一般帰納的関数（一般再帰的関数）として知られる概念を述べた [ゲーデル全集 I, pp.346-371]．クリーネとロッサーによるこの謄写版ノートは予約した人だけに分轄して配布されたので，重要な文献であったがあまり人びとに知られなかったようである．筆者も文献としては知っていたが，[Davis 1965] が出るまで内容は知らなかった．[ゲーデル全集 I] の年表によると，その後数回の療養や講義を経て，ウィーンでついに1937年6月14-15日に一般連続体仮説の相対無矛盾性の証明への決定的階段を発見したという．選択公理の相対無矛盾性はその前年の10月すでにフォン・ノイマンへ知らせてあった．そして翌年10月プリンストンで「選択公理と一般連続体仮説の相対無矛盾性」について講義を行い，11月には科学アカデミーに結果と短いコメントを送った．実はゲーデルのこの講義を聴いていた日本人がいた．それは当時プリンストン高等研究所で研究をしていた代数学の中山正である．帰国後，雑誌『位相数学』第3巻第1号（1940年11月，pp.1-6）に「プリンストンの記」を寄稿した．そのなかに

> さて，講義は … 等の他にゲーデルの選択公理と連続体仮定のがありました (Proc. N. A. S. 24)．シュヴァレーの言をかりれば久し振りに数学的美に浸ったと言ってましたが私にはよくfollow出来ず残念でした．

---

12) 前節の学会発表の表に出ている．
13) 1936年に東京帝国大学を定年退官した．

という文がある．これより早く，この雑誌の第 2 巻第 1 号（1939 年 9 月，pp.26–33）の稲垣武「解析集合論における二三の問題について」のなかに上記ゲーデルの論文が脚注として引用されている．これがわが国においてゲーデルの集合論に触れた最初の印刷記事であると思うが，残念ながら内容には触れていない．実は『位相数学』の第 1 巻第 1 号の冒頭の記事，功力金二郎の論説「点集合論における問題について」において，*Proceedings of the National Academie of Sciences*（『アメリカ科学アカデミー紀要』）の同じ巻にあるベルンシュタインの論文 "The continuum problem" が引用されている．もちろんこれはゲーデル論文の掲載の号より何カ月か前の号 (pp.101–104) であり，『位相数学』の発行が 1938 年 10 月であるから，ゲーデルの論文が引用されるわけはないが．しかしこれらのことから勘案して，ゲーデル論文が出版され日本に到着するやいなや，関係者の目に止まったはずである．したがって「選択公理と一般連続体仮説の相対無矛盾性」はわが国でもすばやくに知られることになったと思われる．

さてこの記念碑的論文 "The consistency of the axiom of choice and of the generalized continuum hypothesis（選択公理と一般連続体仮説の無矛盾性)" (『アメリカ科学アカデミー紀要』) [Gödel 1938] の冒頭は，端折って書くとつぎのようなものである．

> 引用者による要約（記号も現代風に変更して）：
> 定理．システム「フォン・ノイマンの集合論公理マイナス選択公理」が無矛盾であれば，つぎの 4 つの命題を同時に新公理として付け加えたシステムも無矛盾である．
> 1. 選択公理
> 2. 一般連続体仮説
> 3. ルベーグ可測でない Δ^1_2 集合が存在する
> 4. 連続の濃度をもつ補解析集合で完全部分集合を含まないものが存在する

1 と 2 はあまねく知られている．一応説明すると，選択公理とは「任意個の

空でない集合たちが与えられているとき，それぞれから一つずつ要素を取り出して一つの集合をつくることができる」こと．また「可算集合の濃度のすぐつぎに大きい濃度は連続体の濃度である」という主張を「（カントルの）連続体仮説」という．そして「任意の集合について，その集合の濃度のすぐつぎに大きい濃度はその集合のべき集合[14]の濃度である」という主張を「一般連続体仮説」というのである．

2.5 ゲーデルの記述集合論と近藤基吉の定理

前節の最後に述べた定理の3と4は記述集合論の命題である．1と2はよく知られているが，3と4は一般にはややなじみがうすいであろう[15]．最近ゲーデルに関する研究あるいは解説があちこちにみられるが，3と4に触れた記事はほとんどないと言ってよいほどである．[ゲーデル全集] にさえソロヴェイによる1ページ足らずの説明があるにすぎない．筆者の知る限り他には [Dawson 1997] のなかに関連する記事が10行ほどあるのみである．そこで本節では3, 4を解説する．筆者自身は大いに関心をもっている主題である．

よく知られているように，ボレル集合やその連続像はルベーグ可測であるが，それより「複雑さの高い階層の」集合についての可測性は知られていなかった．——ちなみに，天使の階級を表すのにも用いられる「階層 (hierarchy)」という言葉は，数学ではラッセル (1908) により型 (type) の階層として用いられているが，集合・関数の複雑さ (complexity) に絡めて使われたのは1918年のルベーグの論文が最初であろう——そして選択公理を仮定するとルベーグ可測でない集合の存在が導けることはご承知の通りである．しかしそこでの非可測集合の「複雑性」は評価不可能である．そこで3は「"ボレル集合の連続像として表せる集合の複雑さよりも1段階だけ高い階層の集合（射影集合の一種）でルベーグ可測でないものが存在する"という命題が集合論公理

---

[14] 集合 X の部分集合全体の集合を X のべき集合という．
[15] ゲーデル自身ゲッチンゲン講義 (1939年12月) の末尾で3のことを別種の副次的結果 (ein anderes Nebenresultat) と言っている．

と矛盾しない」ということである．よって（何か別な公理を仮定しない限り）ボレル集合の連続像として表せる集合とその補集合がルベーグ可測なもののうちのもっとも複雑な集合ということになる（正確に言えばもう少し範囲が広がるが）．したがってゲーデルの 3 はどんな集合がルベーグ可測かという問題に無矛盾性の意味で決着をつけた重要な定理である．

別の巻で詳しく解説される機会があると思うが，関連して「あらゆる実数集合がルベーグ可測である」という命題（LM で表す）についてひとこと述べておく．前述のようにツェルメロ・フレンケル集合論の公理系を ZF，選択公理を加えた体系を ZFC で表す．いま，無限ゲームに関する決定性公理 AD を ZF に付け加えた体系においてルベーグ測度を考察する．ルベーグ測度論を展開するには少なくとも可算選択公理が必要であるが，AD からは可算選択公理が導けるから心配はいらない．ただし AD は一般の選択公理とは矛盾する[16]．さて，ZF に AD を付け加えた拡大システムでは，実は LM が成り立つのである．しかしこのことがわかったのは 1964 年頃のことである．さらに，「ZFC+到達不能基数の存在」が無矛盾であれば，システム「ZF+従属選択公理+LM」も無矛盾である（ソロヴェイ (1970)）ことが知られている．

つぎに 4 であるが，まずその背景から始めよう．1916 年 22 歳のスースリンはモスクワ大学のルージンのもとで研究していた．シルピンスキーのモノグラフ [Sierpinski 1950, pp.28–29] によって描写しよう．

> スースリンは指導教授ルージンにある重大な報告を行い，自分の最初の論文草稿を手渡した．ちょうどそのとき私は偶然にもそこに居合わせたのである[17]．スースリンはある有名な外国の学者の研究論文の中に誤りを見つけたと申し出た．ルージンは直ちにこの若い学生を相手に熱心に討論を始めた．それで私はルージンのすぐつぎにスースリンの論文を見る機会に恵まれたのである．このようなわけで私は，ルージンが弟子のスースリンをいかに手助けしたか，そして彼をいかに研究指導したか，よく知っている．

16) たとえば邦語では [田中 1977] を参照．
17) 訳者注：その頃のシルピンスキーの立場については，志賀浩二『無限からの光芒』日本評論社 (1988), pp.8–9 を参照．

> 解析集合は多くの論文や書物のなかでスースリンの集合と呼ばれているが，スースリン・ルージン集合と呼ぶ方が一層公平ではないだろうか …

ここで有名な外国の学者とはルベーグのことで，彼はベール関数とボレル集合との間の対応付けを与えた有名な論文 [Lebesgue 1905] のなかで一つの過ちを犯していたのであった．スースリンはそれに気づきこれを修正することでボレル集合より真に広い，しかも「エフェクティヴに与えうる」集合[18]のクラスを発見したのである．翌 1917 年 1 月，パリ科学アカデミーの *Comptes Rendus* にスースリン，ルージンの順でそれぞれの論文が掲載された [Suslin 1917] [Lusin 1917]．ルージンの論文には「解析集合はルベーグ可測である」という定理が載っているが，ルージンはその論文の末尾に，スースリンが「解析集合は高々可算であるか，完全部分集合を含むかいずれかである」ことを証明した，と書いた．完全集合の濃度は連続の濃度であるから，この定理は解析集合についてカントルの連続体仮説が成立していることを意味する．したがって，この定理は大変意義のある結果であった[19]．そして続けて「解析集合の補集合の濃度については分かっていない．この集合は必ずしも解析集合ではないのである」と書いて結んだ．この「解析集合の補集合の濃度については分かっていない」という記述がゲーデルの 4 に関係するのである．この疑問は「非可算な補解析集合（前節参照）は完全部分集合を含むか？」と解釈される．重要なことは解析集合も補解析集合も一般にはボレル集合にはならないということである．なおこの理論は 1937 年に近藤が大阪帝国大学で講義し，それを補筆したものが『解析集合論』として岩波書店から出版された [近藤 1938]．功力も『岩波講座 数学』に「抽象空間論」を書き，その第 3 章に解析集合論を略述した [功力 1933–35]．さてここでゲーデルに戻ろう．

ゲーデルの 4 は 1917 年以来未解決のままであった上記の疑問が無矛盾性の意味で解決されたことを意味している．すなわち非可算補解析集合で連続の濃度をもつにもかかわらず，完全部分集合を含まないものがある，として

---

18) 解析集合．別名，A-集合，あるいはスースリン集合．
19) 実は直前の 1916 年にボレル集合についてこのことが，アレクサンドルフとハウスドルフによって独立に，証明されたばかりであった．

も矛盾しないというのである．したがってゲーデルの 3, 4 は（もちろん 1, 2 は言うに及ばず）当時の記述集合論研究者にとって衝撃的結果であったにちがいない．

さてそこでゲーデルの一つの手紙に注目しよう．それは [ゲーデル全集 V] のタイトルページの左ページに載せられた手書きドイツ語の手紙である．ゲーデルはフォン・ノイマンから 1939 年 2 月 28 日付けの手紙をノートルダムで受け取った．当時ゲーデルはメンガーに招かれてノートルダム大学に滞在中であった．フォン・ノイマンの手紙には先に述べた近藤の一意化定理が含まれていたのである．3 月 20 日付けの返信でゲーデルは

> 近藤の結果は私には大きな関心があります．それは同封の別刷りの 3 と 4 の無矛盾性証明をかなり簡単にするでしょう …

と書いた（以上 [ゲーデル全集 V, pp.362–365] を参照）．ゲーデルは結局上記 3 と 4 の証明を公表しなかった．そして 1951 年ノヴィコフがその証明を発表した [Novikov 1951]．それは正しく近藤の定理を使ったものであった！わが国でもいち早く三瓶与右衛門と柘植利之がノヴィコフの論文を読んで内容を解明した．われわれは近藤の一意化定理を使うこの証明しか知らなかったので，ゲーデルのオリジナル証明も近藤の定理を使ったのかもしれない，しかし発表の時期が両者非常に近い[20]ので他の証明かもしれない，などと思っていたのである．そこで筆者はかつて近藤[21]に，ゲーデルが近藤の定理を知っていたかと尋ねた．そのとき彼は「ゲーデルは頭の良い人だから」と述べただけであった．言外に，ゲーデルはそうでない独自の証明をもっていたろう，ということが読み取れたのであった．そして上の手紙は事実ゲーデルが 3, 4 に対して，近藤の定理を用いない独自の証明をもっていたことを証拠立てている[22]．そしてゲーデルは近藤の定理に基づく十数年後のノヴィコフの証明もそのときすでにもっていたことになる！　これらは [ゲーデル全集 V] (2002) が世に出て初めて，このことに関心をもつ筆者らに，もたらされた

---

20) 近藤の定理は 1937 年の学士院記事に速報されてはいた．
21) 近藤は筆者の師匠であるが，文体の統一のため，以下では敬称・敬語を略す．
22) 1940 年の講義の手書きノートに完全な証明があるそうである．しかし [ゲーデル全集 III] を見る限り 1940 年の講義原稿には書かれてない．

情報である．なお，[ゲーデル全集 III] の p.163 にあるデイビスの "Perhaps Gödel knew Kondo's paper early in 1938 as a preprint （たぶんゲーデルは近藤の論文を 1938 年の年初にはプレプリントとして知っていたであろう)" という推測は，そこに引用してある近藤の論文が一意化定理のものと異なる文献なので，ゲーデルの 3, 4 に直接は関係がないと思う．そして今日では，アディソンの結果 [Addison 1958] と有名なフビニの定理を組み合わせて用いることにより，3 をより簡単に証明できることが知られている．ゲーデルのもっていたであろう「4 の証明」は『巨大基数の集合論』[Kanamori 1994, 訳本 pp.183–184] に，ゲーデルがレヴィに示唆した論法として載っているものであると推測される．それはメタ数学的な方法であり，近藤の定理による証明の方がはるかに分かりやすい．ただしゲーデルの方法は一つ上の階層の集合にも応用できるという利点はあったが．なお，先に触れた無限ゲームの決定性公理を仮定すれば，非可算な実数集合は必ず完全部分集合を含むことが知られている．以上の諸事項の内容については本シリーズの集合論に関する巻（第 4 巻）でもう少し詳しく語られることと思う．

さて当時の日本におけるゲーデルの連続体仮説と選択公理の相対無矛盾性定理への反応はどんな様子であったろうか．前にこのことに関して雑誌『位相数学』の記事に触れた．しかしこの時期，ゲーデルの内容についてどのように理解されていたかは不明である[23]．唯一の記事として，カントルの 1895–97 年の論文の邦訳 [カントル 1979] における村田全の解説のなかに数行の記述がある．

> 功力先生が（少なくとも或る極めて早い時期に），連続体仮説の無矛盾性に関するゲーデルの仕事について，独自の批判的意見をもっておられたことも記録しておいて良いであろう．これについては 1942 年の前後に，先生と故黒田成勝先生との間で論争があった由であるが，…

この記事について村田に尋ねたところ，事情はつぎのようであった．村田の

[23) 難波完爾が言うには「稲垣武先生が当時は "consistency" と "真" との区別が明確に把握されていなかったと言っていた」そうである．

許可を得て記す.

1. ある機会に"功力先生がかつてゲーデルの無矛盾性の証明を「当たっていない」と批判された"との話を聞いたことがある. 2. 私（村田）が九州大学にいた頃 (1949–51)，近藤先生にその事情を尋ねた．そのとき先生は功力先生の批判を「あれは功力さんの思い違いですよ」と片づけられ，詳しい事情は話されなかった．同じことを岩村聯先生にも聞いたことがある．私の最初の渡仏 (1972) 以前である．岩村先生からは「昭和 17 (1942) 年頃の数学会で，黒田さんの報告に功力さんがかみつかれた」と聞いたが，具体的内容は聞けなかった．私が功力先生にそれについて訊ねたのは，上記渡仏以前で，先生が大阪大学におられた頃である．まずその主題を訊ね，それがボレルのいわゆる超限の二律背反だったことを確かめた．ご承知の通り，第 2 級順序数列は可算列（ボレルの信用する対象）によって常に拡大されるが，その結果はまた第 2 級に止まり，その「全体」には決して到達しない，このイタチごっこをボレルは「超限の二律背反 (Antinomie)」と呼んだのである．しかし先生はそれ以上内容に立ち入ることは避けたい様子で，「今の人は超限の二律背反なんて知らないから，あまり人に言わない方がいいですよ」と言われたのをはっきり覚えている．

村田は筆者への通信で「功力先生は，超限の二律背反がゲーデルの On の，ひいては L の構成に潜在的に利いていると考え，証明に疑義をもたれたのではないかと思う」と述べている．

ゲーデルの有名な赤い本 [Gödel 1940] [24] が，当時戦雲ただならぬときであっ

---

24) ゲーデルが 1938–39 年秋学期にプリンストン高等研究所で講義した内容は赤い表紙の本となって 1940 年にプリンストン大学から発行された．この本で取り扱っている集合論のシステムは ZF ではなく NBG と呼ばれるものである．これはフォン・ノイマンが開発 (1925) したものをベルナイスが整備 (1937) し，ゲーデルが少し修正したもので，集合とクラスを原始概念としてもつシステムである．それは ZFC の保存拡大になっている．この本では集合論の公理系 NBG の上で，選択公理と一般連続体仮説の無矛盾性証明が展開されている．これに対して証明の概略を書いた論文 (1939) [ゲーデル全集 II, pp.28–32] は ZF の上で議論している．

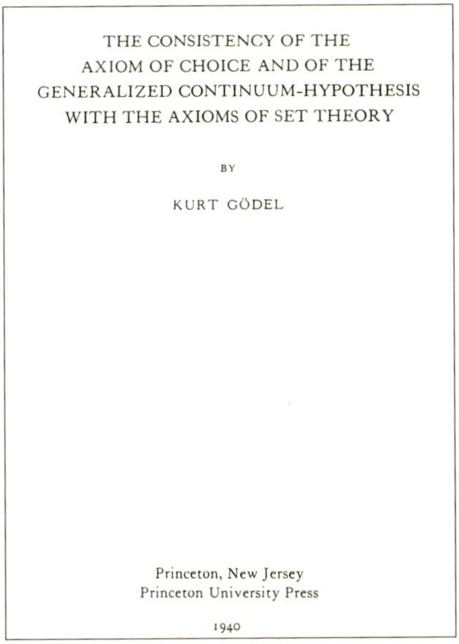

> THE CONSISTENCY OF THE
> AXIOM OF CHOICE AND OF THE
> GENERALIZED CONTINUUM-HYPOTHESIS
> WITH THE AXIOMS OF SET THEORY
>
> BY
>
> KURT GÖDEL
>
> Princeton, New Jersey
> Princeton University Press
> 1940

図 2.4 ゲーデルの「赤い本」扉 [Gödel 1940]

たので，いつ日本に入ってきたか分からないが，確率論学者の伊藤清がそれを読んだときの様子を前原昭二がつぎのように語っている [彌永・佐々木 1986, p.188].

> 伊藤さんの読み方がまたすごいんだ．(中略) ゲーデルはフンディールング（基礎の公理）を使っているような顔をしているけど，使っていないじゃないか，要するに，フンディールングの無矛盾性まであれは一緒に証明しているんだなあと言っておられる[25].

これがいつのことかは定かでない．赤い本だけに従えば，実は基礎の公理は順序数の不可欠な性質の証明に使われており，この順序数を使って L が定義されるので，あのままでは基礎の公理の無矛盾性を証明したことにはならない．し

---

[25] 引用者注．基礎の公理とは「集合の所属関係 ∈ に関して無限下降列が存在しない」ということで，最初はミリマノフ (1917) に遡る．フォン・ノイマン (1925) はこれを引用しているが，彼の云う「より鋭い (verschaerfter)」形は [Von Neumann 1929] による．基礎の公理は正則性公理とも呼ばれる．詳細は続巻を参照．

かし，基礎の公理を必要としない順序数の定義があり（ベルナイス (1938)），それに基づいてLを定義すれば，基礎の公理はいらない[26]．そしてLが基礎の公理を満たすことは，ゲーデルでは宇宙が基礎の公理を満たしていることを使っているが，集合の構成的次数を使えば，宇宙が基礎の公理を満たしていなくても，Lが基礎の公理を満たすことが示せるので，結局は基礎の公理の相対無矛盾性が証明されたことになるのである．伊藤はこのことに気づいてあのように発言したのであろう．詳細を知りたい人は [Shepherdson 1951, pp.164–165] を参照されたい．実は基礎の公理が他の集合論公理と無矛盾であることはすでにフォン・ノイマンによって証明されていた事実である [Von Neumann 1929]．

ところで海外ではどんな様子だったろうか．アメリカ数学会は 1940 年から数学研究の批評誌 *Mathematical Reviews* を発刊した．その Vol. 2 (1941, pp.66–67) にクリーネによるゲーデルの赤い本の書評が載っている．批評というよりはむしろ解説といった方が良い文面である．1 ページを超える記事は *Math. Reviews* としては，その後をみても，異例のことである．

2.6 数学の図書も疎開した

1943 年の 7 月には東京に都制が施行され，行政機構としての東京府と東京市が廃止された．区部は都長官によって直接治められることになった．ある意味で，東京の自治は市制特例廃止 (1898) 以前——高木貞治が帝国大学を卒業してまもない頃——の状態に逆戻りした．

この年，いよいよ学徒動員が始まった．20 歳の徴兵が 19 歳徴兵になった上に，それまで学生は兵役を猶予され卒業後兵役につけばよかったのであるがもはやその猶予も認められなくなった．同年 12 月一斉に 19 歳以上の学生が兵役につくことになったのである．ただし，兵役検査に不合格の者は免除されたが，その基準は大幅に緩められ，大部分の人が検査合格となった．同年 10 月 21 日，神宮外苑の銀杏は折からの雨に濡れていた．外苑競技場では文部省主催による出陣学徒壮行会が行われた．『朝日新聞』によれば，

---

26) 実は関連して他に 5, 6 カ所修正しなければならないが．

首都圏4都県77校〇〇名は執銃，携剣，巻脚絆の武装で颯爽と
集結し，送る学徒6万5千名が観客席を埋め尽くした

という．〇〇名というのは兵力数に関係するから秘密事項だったわけである．
しかし文系の学生が先に動員され，そしてそれから2年足らずで終戦となった
ので，数学科の学生で動員された者は少なかったようである．その代わりに大
都市の大学の数学教室は地方へ疎開することになった．疎開は終戦の年1945
年の始め頃になって行われ，たとえば東京帝国大学理学部数学教室や東京文
理科大学数学教室はともに長野県へ疎開した．前者については [彌永 2000] お
よび [彌永 2005] にその様子が語られている．文理科大学については当時の
主任教授菅原正夫も数学図書の疎開に尽力したと伝えられる．半年もしない
うちに終戦となり，すぐに図書を元へ戻さなければならなかったのであるか
ら，大変な仕事であったろう．

　このときすでに，アメリカやイギリスは軍事目的で真空管式計算機の研究
開発を着々と進めていた．

第3章
赤い本とそれ以後のゲーデル
大戦末期から 1960 年代まで

3.1 戦時下の旧制中学校の回想

　本節では終戦（1945 年 8 月 15 日）前後の筆者の回想を述べる．当時の旧制中学校生徒の様子から始めたい．昭和 18–19 (1943–44) 年と言えば，戦雲傾き，食料不足・物資不足が深刻になってきた頃である．旧制中学校では教科書が一部分国定になり，内容も変わった．数学では 3 年生に解析幾何が，4 年生に微積分が入ってきた．先生方も戸惑ったのであろう，ノートをつくってきてそれを見ながら授業を行った．解析幾何だったと思うが，一・二週間くらい授業が進んでから，先生がいままでのことはご破算にする，とおっしゃってやり直しの授業を行ったこともあった．生徒には教科書がなかなか届かない．新しい要目の参考書もない．授業だけが頼りのような状況であった．英語の教科書の表紙に英国王室の王冠が描かれていた．「これは敵国のものだから破れ」という．そして授業時間は週 3 時間に減らされた．外国の様子をよりよく知る方が戦争にも役に立つのに，そんな発想はみじんもなかった．見ざる・聞かざる・言わざる，の方針であったから，かえってそのようなことは妨げになると考えたのである．国史はまったくの皇国史観に基づく授業であった．天孫降臨を大真面目で説く先生の言葉に聞き入っていたのである．
　1944 年の一学期が終わると，3 年生以上は勤労動員に駆り出され，故郷を

離れて軍需工場で働かされた．4年生であった筆者は横須賀市にあった海軍航空工廠で飛行機エンジンの洗浄をやらされた．もちろん寮生活で，食事は米は少なく大部分が「ふすま」であった．現在の大部分の日本人はふすまとは何か知らないであろう．小麦をひいて粉にしたときにできる皮の屑のことである．これが7割がた入ったご飯が主食であったのだ．おかずは少なく，塩を用意しておいてそれを振りかけて食べた．授業は少しは行うはずであったのに一度もなかった．昼の仕事に疲れ勉強もほとんどできなかった．もちろん敵機の襲来もあり，防空壕へ避難することもあった．私にとって唯一の慰めは夜9時消灯直後にスピーカーで流されたシューマンのトロイメライのメロディーを聞いて眠りにつくことであった．以来この曲が大好きになってしまった．これが当時の旧制中学校の上級生の実態であった[1]．

　何事も不自由であったこの戦争末期，もちろん用紙・印刷など大変困難であったこの時期にいくつかの「高級な」数学書が出版された．そのうち集合論関係ではクラトウスキのトポロジーの本 [Kuratowski 1933] の翻訳がある．川端直太郎訳『位相数学』第一巻である．空襲におびえるさなか（1945年3月刊），複雑な記号がふんだんに入ったこれらの本がよくぞ印刷され発行されたものだと思う．クラトウスキの本は大部分が記述集合論と言ってよい．戦時下貴重な文献であったにちがいない．終戦直後1945年10月頃のある日，神田の古本屋は人びとでごった返していた．筆者が人の間を潜り抜けて奥の棚の前に出たとき一番先に目に飛び込んできたのはこの本の背文字であった．高価で手に入れることはできなかった．店主は米と交換ならよいと言うが，その米たるやまたまた貴重品でとても応ずるわけにはいかなかった．当時は古本が大変高価だったのである．手に入ったのは2年後のことで，後に筆者が現在の道に入ったときこの本は大変役に立った．いまも本箱に納まっている．

---

[1] 筆者の学年（と1級下の学年）は4年で旧制中学校を卒業した．しかし1級上の学年の就業年限は5年で，同じ年（1945年3月）の卒業であった．1945年4月–8月は上級学校（旧制高等学校（3年），旧制専門学校（3年），旧制高等師範学校（4年））でも勤労動員が行われたので，本格的に新学期が始まったのは終戦後の同年9月からであった．

3.2 赤い本の邦訳

ゲーデルに話を戻そう．翌1946年になると新本が出版され始める．戦時中よりもさらに出版事業が困難な時期であったから多くは再版物であったが，初版本として近藤洋逸によるゲーデルの「赤い本」[Gödel 1940] の邦訳が出た．表題は『クルト・ゲーデル 数学基礎論，選出公理及び一般連続体仮説の集合論公理との無矛盾性』となっている（初版5000部）．筆者もインフレに悩みながらも大枚6円を出して購入した．「昭和21年5月14日（神田において）」とある．実はまだこれが画期的な内容の本だとは知らずに，ただ集合論の本らしいというだけで買ったのである．当時は偶然手に入れてあった秋月康夫『輓近代数学の展望』[秋月 1941] の影響で ——内容はあまりよく理解できなかったが—— 代数学に興味をもっていたこともあり，このゲーデルの訳本にきちんと読んだ形跡は残っていない．

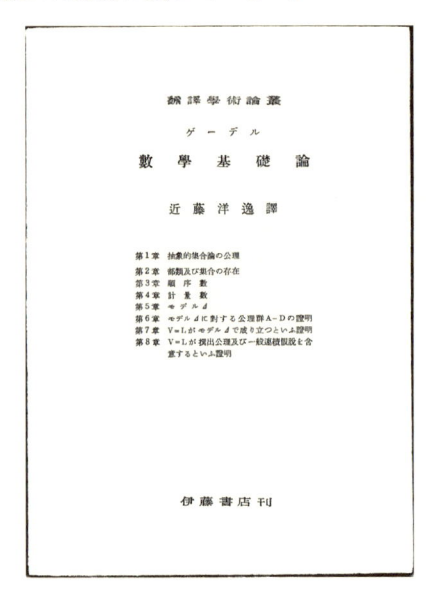

図 3.1 近藤洋逸による「赤い本」の邦訳の表紙 [ゲーデル 1946]

その年の 12 月，岩波書店で高木貞治『解析概論』が売り出されるという情報が耳に入った．有名な本を定価で買えるまたとないチャンスである．冬の寒いさなか初日の早朝暗いうちから岩波書店の前にかなりの人数が並んだ．東京の冬は記憶では現在よりもずっと寒く感じられた．
　さて翻訳者近藤洋逸の「あとがき」をみてみよう．要点を略記するとつぎのようになる．

> 引用者による抜粋・要約：
>
> 今日の数学基礎論は数学の哲学的基礎を論ずるものではなく，すでに数学の一部門となっている．これは本文のゲーデルの所論からもうかがえよう．ゲーデルの原著は，現在の数学基礎論の新発足点となったヒルベルトの論文 (1922) 以降，基礎論の方法に重大なる示唆を与えたゲーデルの論文 (1931)，自然数論の無矛盾性を証明したゲンツェンの論文 (1936)，また有名なエルブランのテーズ (1930)，さらに従来の諸成果の集大成：ヒルベルト・ベルナイス I (1934), II (1939) と並んで特筆すべきものである … ところでその抽象化が極端に押し進められるとき思わざる危機につきあたった．集合論の背理，リシャル，ブラリ・フォルティ，ラッセルの背理 … この批判の態度如何により 3 つの派 … ゲーデルの業績はこの超数学派に属している．… 超数学の前途は遼遠である … 公理系を整備するとき，事実においては矛盾の発生する不安はないが，矛盾が当の体系に存在し得ざることを原則的に論証するは困難である．ゲーデルの業績はこの至難な道を大きく前進している … その証明の根本方針は非ユークリッド幾何学のモデルをユークリッド空間内に実現することによって，この空間の幾何学の無矛盾に帰着させる方法を活用するところにある[2]．すなわち，問題の拡大系のモデルを，無矛盾と前提された原体系の中につくる．このためにゲーデルは驚く程の巧妙さを発揮する …

---

[2] 引用者注．このことはゲーデルがすでに 1939 年のゲッチンゲン大学での講義で述べていた [ゲーデル全集 III, pp.130–131]．

この訳本の批評が『科学』第 17 巻第 2 号 [黒田 1947] にある．評者黒田成勝はゲーデルの結果を説明し，連続体仮説の否定が証明できるかまたは独立であるかという問題が残っていること，自分は独立性の方に可能性があるように思われること，を述べた．そして「翻訳として欲を言えば，この証明の技術的部分を除外して証明の要点がどこにあるかを示した解説が欲しかった」と評した．しかしこれを要望することは当時としては無理だったのではなかろうか．当時，内部モデルの理論は未発達，一般の下方レーヴェンハイム・スコーレム定理，レヴィの反映定理，モストウスキつぶし補題などは未知であり，ゲーデルの証明のなかにはこれらの議論が覆い隠されて含まれているのである[3]．しかし一方で前出の伊藤清は，戦後新たに発刊された日本数学会編集『数学』第 1 巻第 1 号の書評欄でこの訳本の批評を担当し [伊藤 1947]，本題の若干の解説を書いた後で

> 限られた紙面にこの方法を詳述することはできないから，大体の考え方を述べてみよう．一体選出公理や連続体仮説の不成立は余りにも多くの集合が存在するために起こるのである．それ故 Σ から一部分 Δ をとり[4]，これを避けるのであるが，余りに小さくとりすぎると，公理群 A，B，C が成立しなくなるため，その手加減がなかなか難しい．ゲーデルがとった Δ は公理群 A，B，C を満足する体系の最小のものともいうべきものである …

と記している．ZF の内部モデルの概念が確立された後，この最小性はゲーデルの証明から容易にわかるのであるが，まだこのような概念が明確でなかった時期に伊藤は正しく Δ の最小性を読み取っていたのである．

さて，太平洋戦争中と終戦直後の日本では食料の不足，海外との交流の困難，そのほかもろもろで学問研究は相当に阻害されたことであろう．これらの困難に打ち克ってわが国の数学者は大変よく頑張ったようである．その様子を河田敬義「数学からの話題（最近の研究について）」（『東京文理科大学新聞』1947 年 10 月）からの一部分の引用によって語ってもらおう．

---

[3] 今日では，ゲーデルの証明のキーポイントの一つは「ゲーデルの圧縮補題 (cendensation lemma)」としてまとめられている（たとえば，[Jech 2003, p.188]）．

[4] 引用者注．ゲーデルのモデル Δ とはシステム $\langle L, \in \rangle$ のことである．

> アメリカから専門雑誌が到着した．帝大中央図書館に行くと *Mathematical Reviews* ; *Transactions of Amer. Math. Soc.* ; *Bulletin of A. M. S.* ; *Duke Math. Jour.* ; *Annals of Math. Statistics* が自由に見られる．*Annals of Math.* も近く来るであろう．これで学問の閉鎖状態の一端が破られて，大体戦争中の世界の動向が分かる．前の大戦の時と比べてこんどは世界中数学は余り振るわないようである．これは戦争の規模が大きくて数学者に自由に研究するゆとりを与えなかったことと，また抽象的な数学が余り戦争技術に関係しないためもあったろう … アメリカは終戦後直ちに日本の文献を持っていったが，*Math. Rev.* 誌上に早くも戦争中の日本の論文の8割方の紹介がのせてある．こうして日本の戦争中の数学研究を他国のと並べて見ると，大して自慢する程のことはないが，別にそれ程見劣りすることもないようである …

と書いている．また中山正は『代数系と微分』[中山 1948] のあとがきに「なお, 最近来た Math. Reviews によれば上記中山と同様なことが N. Jacobson : … (1945) にも得られてある」と書いている．彼はまた, つぎのように述べている．

> 戦中戦後の海外の研究結果を未だ極く一部分しか知り得ない状態にあるので，この小著にそれをほとんど反映し得ず，それが本書を out of date にしてはいないかと懼れる，… 追記：その後，ここ数年間の米国の数学誌の多くが送られて来たが，それを見て更に上記の感を深める．しかし同時にこの小冊子に触れた話題がかの地の最近の研究に関連するものが少くないことを見て，その点はうれしく思われる …

なお 1945 年以前の邦人による欧文数学論文の，著者名と表題が [河田 1993] に記載されている．そこに記された数学基礎論関連の論文の著者は高木貞治，田辺元，伊藤誠，功力金二郎，黒田成勝，近藤基吉，小野勝次，平野次郎および稲垣武の 9 人である．

3.3 1940年代中頃から後半にかけてのゲーデルの論説

ゲーデルは（相対）無矛盾性定理の後，哲学や相対性理論へ興味を移したようである．哲学については膨大な遺稿を残しているという．しかし数学基礎論に関心をもち続けたことは言わずもがなのことである．この時期に3つの論説がある [ゲーデル全集 II]．

1. "Russell's mathematical logic" (1944)
2. "Remarks before the Princeton bicentennial conference on problems in mathematics" (1946)
3. "What is Cantor's continuum problem ?" (1947)

筆者はうかつにもこれらの論文があることを知らず，だいぶ後になってから，1と3は [Benacerraf and Putnam 1964] で知り，2は [Davis 1965] で知った次第である．後に1は『現代思想』(1989年12月号) に，3は『哲学』5 (1988年冬号) にそれぞれ邦訳が現れた．

それはさておき，筆者はかつてホワイトヘッド・ラッセル『プリンキピア・マテマティカ』を部分的に読んだことがあるが，非常に分かりにくかったという記憶が残っている．現代の数理論理学のようなシステムとしての体裁が整っていないので，不明瞭なところが目に付いた．後でゲーデル1のなかに「プリンキピア・マテマティカ*1—*21 に含まれる基礎付けにはきっちりとした形式化 (formal precision) が大きく欠けている」という文章を見つけて，むべなるかなと思った次第である．筆者が3で興味をもってアンダーラインを引いておいたところは，「(マーロ基数のような) 各々の巨大基数の公理は，その無矛盾性を仮定して，ディオファントス方程式の分野でさえ決定可能な命題の数が増大すると証明できる」と「つぎのことに気づくための十分な理由 (good reason) がある，と私は信ずる：集合論における連続体問題の役割はカントルの予想の否定を可能にする新しい諸々の公理の発見へ導くことであろう」であった．前者のディオファントス方程式については [ゲーデル全集 III] によれば，すでに1930年代の手稿で「ディオファントス方程式がすべて

のパラメータについて解をもつ，という命題で（考察中のシステムが無矛盾であると仮定してそのシステムで）決定不能なものがある」ことを証明していた．これが記載してある公表された文献としては，前にも触れた 1934 年のプリンストン講義録があるが，これはクリーネらが私的につくったノートなので外には広がらなかった．もちろん当時日本には伝わらなかった文献であろう．これもまたこのデイヴィスがつくったアンソロジー [Davis 1965] で筆者は初めて知ったのである．上文は巨大基数はこのような命題を決定可能にしてしまうと言っているのである．もちろん決定不能命題が消えるという意味ではないが．また，後者はカントルの連続体仮説の否定に関するゲーデルの予想ないしは見解と言えるものであるが，レヴィ・ソロヴェイによって可測基数の存在からは連続体仮説を肯定することも否定することもできない，としていったんはかなり悲観的ムードが漂っていたのである．ところが最近このゲーデルの予想が多少現実味を帯びてきたようにみえる．ある種の巨大基数の存在仮定の下で，「連続体の濃度＝$\aleph_2$[5)]」を導くようなある非常に有力な公理が成り立つモデルを構成できる（バウムガートナー (1984)，トドルチェヴィッチ・ヴェリチコヴィッチ (1987?)，[Jech 2003] を参照）．またウッディンによれば，彼が (*) と名付けた公理から「連続体の濃度＝$\aleph_2$」が導かれるのである (1999) [Woodin 2001]．しかし公理 (*) はたしかにある種の巨大基数の存在は仮定しているがそれに加えてあるメタ数学的な仮定も含むものであるから，もしゲーデルが生きているとして，彼がそれに満足したかどうかは分からないが[6)]…

このウッディンについてであるが，筆者が 1977 年に UCLA（カリフォルニア大学ロサンゼルス校）に滞在中のことである．UCLA の数学教室では毎週末に次週の予定表が教室員のメールボックスに配られる．1977 年 5 月 16–22 日の表の中央に

 WEDNESDAY, MAY 18 3 : 00 P. M. — Hugh Woodin, student, Cal Tech, "MARTIN'S AXIOM AND THE AUTO-

---

 5) 整列集合の無限基数を小さい方から $\aleph_0(=\omega), \aleph_1, \aleph_2, \cdots$ で表す．詳しくは本シリーズの第 4 巻を参照．
 6) 上記のゲーデル予想については本シリーズの第 4 巻で論じられる予定．

MATIC CONTINUITY PROBLEM FOR C(X)." (Informal Seminar, FUNCTIONAL ANALYSIS, P. C. Curtis) MS 6627

とあった．聞けば講演者はカリフォルニア工科大学 (Cal Tech) の優秀な学部学生で，内容は論理学のバナッハ代数への応用だという．関数解析研究室主催のセミナーであったが筆者も当日顔を出した．評判を聞いてか教室は聴講者で一杯になった．時間がきて入ってきた講演者をみると情報通り非常に若い青年だった．彼の話は NDH (No Discontinuous Homomorphisms)[7]をマーチンの公理およびある順序集合とみたベールゼロ空間（自然数から自然数への関数全体がつくる零次元空間）への順序保存写像と関係付けたものであった．彼は前の年ある種の全順序集合と上記の順序集合に関する「ウッディンの条件」（もちろん NDH と関係する）というものを考案し，ソロヴェイがそれを使ってモデルをつくり (1976)，さらにウッディンがマーチンの公理を使ってより簡単なアプローチを行ったのである．それは後に整理されて [Dale and Woodin 1987] にまとめられた．結果は「NDH は ZFC と独立である」となる ── これは数学基礎論が一般の数学へ貢献した良い例の一つである ──．後に彼が日本でのあるシンポジウムに来たとき，レセプションの席で彼に UCLA での講演を聴いたことを告げ，生まれ年を尋ねたところ 1955 年だという．だから当時彼は 21 歳ないしは 22 歳であったのだ．なお，1977 年の UCLA の出来事についてはゲーデルの不完全性定理に関わるある重大「事件」が発生したので 4.2 節で触れる．やや挿話が長くなったが元へ戻ろう．

おしまいに 2 であるが，これはドイツ語的な長い文が多く，日本語にうまく直しにくく感じた．それはさておき，昨今ゲーデルブームで上記翻訳を含めていろいろな記事が出回っているが，筆者の知る限り 2 に言及したコメントは見当たらない．実はこの論文にはある重要な集合論的概念が初めて現れているのである．それはいわゆる "ordinal definability" の概念である．訳語としては筆者は「順序数定義可能性」を使った [田中 1982]．その定義はここ

---

7) X をコンパクト空間，$C(X)$ を X 上の複素数値連続関数がつくるバナッハ代数とする．NDH_X とは「$C(X)$ からバナッハ代数への不連続な準同型写像は存在しない」という命題．NDH は任意の X について NDH_X が成り立つこと．

では省略する．ゲーデルは「この概念は研究されるべきであり，順序数定義可能な集合たち全体のクラスは集合論のモデルになるだろう，そしてたぶん選択公理の無矛盾性のより簡単な証明が得られるであろう」と記した．さらにこのクラスでは連続体仮説が成立しないだろう，という意味のことを述べて結んでいる．この順序数定義可能性の概念はその後竹内外史 [Takeuti 1961]，マイヒル，ポスト (1953) らによって再発見され研究された．少し修正された形 ——遺伝的順序数定義可能性—— でゲーデルが正しいこと[8]が 1965 年前後にマイヒル・スコット（発表は 1971 年），レヴィ，マカルーンらによって証明された．同時にレヴィは順序数定義可能性の概念を使って，先に述べた近藤基吉の一意化定理が ZFC では最良の結果であることを示した．なお，この 2 の論文の表題にある "the Princeton University Bicentennial Conference on Problems of Mathematics" というのはプリンストン大学創立 200 周年記念の数学コンファレンスで，1946 年 12 月 17–19 日に開催された．数学の 10 分野に分かれて行われたようである．[Sinaceur 2000] に主として数理論理学分野の詳しい紹介がある．

3.4　1940 年代後半から 1950 年代にかけての日本の研究者の様子

さて当時の日本の状況へ移ることにしよう．整数論学者末綱恕一は数学基礎論学者でもある．戦後の日本数学会のなかに「数学の基礎の会」が設けられた (1947) のは末綱の肝いりと言われている．筆者が高校教師であった 1950 年代前半のある年，関東数学教育研究集会が水戸市で開催された．一般にこの会のオープニングは数学者の講演である．この年度は末綱であった．彼は原稿なしで正味 2 時間立ち詰めで数学基礎論について語った．それは筆者に強烈な印象を残した．そのときはまさか後に自分が数学基礎論を専攻するようになるとは夢にも思っていなかったが．さて『科学』第 14 巻第 1 号の「有限の立場と極限概念」[末綱 1944b]，同第 10 号の論述「数学の基礎」[末綱 1944c]，『数学と数学史』[末綱 1944a] などは末綱の初期の数学基礎論関係の著作であ

---

8)　ただし連続体仮説否定の推測については「ある意味で」正しい．

図 3.2 末綱恕一

ろう．これらにはヒルベルト，ラッセル，ブラウワー，ゲーデル，ゲンツェンなどの仕事の解説がなされている．第一の論説では最初の ε 数までの超限順序数の把握の仕方が述べられ，「矛盾的自己同一」という，西田幾多郎哲学ふうの独特の用語が現れている．上記論述「数学の基礎」では[9]スコーレムの超準 (non-standard) モデルのことを簡単に述べている．これはスコーレム (1934) に触れた最初の邦語の記述であろう．ただし，non-standard という言葉は使われてないが．末綱はこれらおよびその後の研究をまとめて『数学の基礎』として出版した [末綱 1952]．また前出の近藤基吉は雑誌『基礎科学』に「FUNDAMENTA MATHEMATICAE と現代の集合論, (1)–(4)」を連載した [近藤 1948–49][10]．ここで FUNDAMENTA MATHEMATICAE (F.M. と略記される) は集合論を中心に据えて 1920 年から発刊されたポーランドの数学雑誌である．彼はこの記事のなかでこの雑誌に載った多数の論文を概括した．選択公理・連続体仮説に関わるのでもちろんゲーデルの相対無矛盾性定理が述べられているが深入りはしていない．

ところで日本数学物理学会は 1945（昭和 20）年 12 月に解散し，翌 1946 年 6 月に日本数学会が誕生し，同時に東京帝国大学理学部で年会も開かれた．数学基礎論関係では

6 月 2 日
 末綱恕一： 実数について
 近藤基吉： 数学の経験主義的基礎付けについて

という講演がなされた．同年の秋季例会では数学基礎論関係の発表はなかった．

---

[9] 1947 年刊行の『数理と論理』(弘文堂書房) にも．
[10] その一部分はすでに『位相数学』第 2 巻 (1939)，第 3 巻 (1940) に発表されていた．

1947年会5月10日（東大理）数学の基礎の会
 下村寅太郎： 数理哲学の方法について
 末綱恕一：   数学的存在について
 黒田成勝：   数学の直観性とその無矛盾性
 彌永昌吉：   Leibnitz のある手紙について
 小野勝次：   命題の表現について
 近藤基吉：   数学における effective existence について
 内藤 実：   3値命題論理学について
 伊藤 誠：   有限多値論理の束論的考察
1947年秋季例会
 竹内外史：   自然数論の無矛盾性について
 三瓶与右衛門： Hilbert-Ackermann-System の構造について
 近藤基吉：   構想力の論理と数学

これらのリストは雑誌『数学』に掲載されている．数学会の講演記録は1957年度までは『数学』に掲載されていた．アブストラクトはなかったようである．標題からみてここまでのところ，技術的な内容のものは少なく数理哲学的講演が多いように思う．このなかで黒田の講演内容は『基礎科学』第1巻 (1947) に載っている．ブラウワーの証明論批判を修正し精密化しながら数学の基礎の問題を考察するという企画を述べたものである．ブラウワーをよく研究し，彼に心情を寄せていることがうかがえる．「…現代の数学界は余りにもブラウワーに対して無理解である」と結んでいるのである．さらに黒田は同誌に「解析の基礎に関する一考察」(1949) や，『科学』第18巻 (1948) に「Aristotle の論理と Brouwer の論理について」を書き，後者ではゲンツェンの NJ, NK[11] を紹介している．のみならずそこでは古典論理の直観主義論理への変換を取り扱っており，ゲーデルの論文「直観主義命題論理の解釈」[ゲーデル全集 I, 1933e] に別の方法で同じ結果がある，と記している．少し後彼はこれをドイツ語論文 [Kuroda 1951] で公表したが，これについて [ゲーデル全集 I, p. 284]

---

11) NJ, NK および下方の LK はゲンツェンが考案した論理システムである．内容は第2巻で述べられる．

は「(ゲーデル変換の) もう一つのエレガントな変換を含む」と述べている．伊藤誠は1948年5月の日本数学会で「黒田氏の論文 "Aristotole …" について」という講演をしているが，その内容は不明である．

　1950年前後ゲーデルはアインシュタインとの密接な交流の結果として，相対性理論のアインシュタイン方程式に対する新しい型の解——回転宇宙解——を得，1951年にアインシュタイン賞を受賞した．しかしこれはロジックではない上，筆者の手に負えるものではないので省く[12]．なお，その頃ガリオア留学生として2年間アメリカに滞在していた森口繁一は1951年の夏をプリンストンで過ごしたが，このときのエピソードとして，通勤バスを利用していたとき「ゲーデルさんが帽子を水平にきちんと被って，端然と座っていることもよくあった」と書いている[13]．

　1950年代の日本数学会は現在のように春と秋に学会を開き，前述のように1957年度まではプログラムを機関誌『数学』に掲載した．この頃になると日本の数学基礎論研究が活発化し，たとえば1952年の年会[14]では数学基礎論関連の一般講演が15件あり，秋季例会[15]では一般講演が10件，特別講演が2件あった．

　1952年度秋の伊藤清「ノイマンの公理の無矛盾性に関する注意」は先に述べた伊藤の発言[16]の学会での発表であろう．1954年度秋の特別講演，竹内外史「証明論における一つの試み」は彼のGLC (=Generalized Logic Calculus) についての講演である．彼はゲンツェンのシステムを一般の有限型に拡張し，ゲンツェンのシステムLKにおけるように，このシステムでカット規則が消去できるであろう，と予想した．これを「GLCの基本予想」という．そして2階に制限したシステムGLC^1で基本予想が成り立てば，実数論の無矛盾性が証明できることも述べている [Takeuti 1953]．また引き続いて発表した論文で彼はいくつかの特別な場合に基本予想が成り立つことを証明した．竹内

---

12) 日本数学会『数学通信』第8巻第1号 (2002) の修士論文表題一覧表に相対論のゲーデルに触れたものが一つあった．
13) 『岩波講座 基礎数学』月報22 (1979年2月)．
14) 春の学会．
15) 1953年以降，秋の集まりは秋季総合分科会．
16) 2.5節を参照．

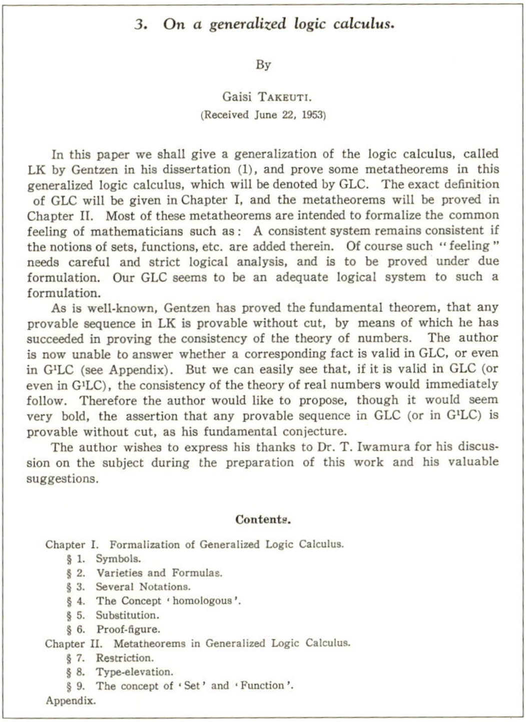

> ### 3. On a generalized logic calculus.
>
> By
>
> Gaisi TAKEUTI.
> (Received June 22, 1953)
>
> In this paper we shall give a generalization of the logic calculus, called LK by Gentzen in his dissertation (1), and prove some metatheorems in this generalized logic calculus, which will be denoted by GLC. The exact definition of GLC will be given in Chapter I, and the metatheorems will be proved in Chapter II. Most of these metatheorems are intended to formalize the common feeling of mathematicians such as: A consistent system remains consistent if the notions of sets, functions, etc. are added therein. Of course such "feeling" needs careful and strict logical analysis, and is to be proved under due formulation. Our GLC seems to be an adequate logical system to such a formulation.
>
> As is well-known, Gentzen has proved the fundamental theorem, that any provable sequence in LK is provable without cut, by means of which he has succeeded in proving the consistency of the theory of numbers. The author is now unable to answer whether a corresponding fact is valid in GLC, or even in G^{1}LC (see Appendix). But we can easily see that, if it is valid in GLC (or even in G^{1}LC), the consistency of the theory of real numbers would immediately follow. Therefore the author would like to propose, though it would seem very bold, the assertion that any provable sequence in GLC (or in G^{1}LC) is provable without cut, as his fundamental conjecture.
>
> The author wishes to express his thanks to Dr. T. Iwamura for his discussion on the subject during the preparation of this work and his valuable suggestions.
>
> **Contents.**
>
> Chapter I. Formalization of Generalized Logic Calculus.
>   § 1. Symbols.
>   § 2. Varieties and Formulas.
>   § 3. Several Notations.
>   § 4. The Concept 'homologous'.
>   § 5. Substitution.
>   § 6. Proof-figure.
> Chapter II. Metatheorems in Generalized Logic Calculus.
>   § 7. Restriction.
>   § 8. Type-elevation.
>   § 9. The concept of 'Set' and 'Function'.
> Appendix.

図 3.3　GLC 論文 [Takeuti 1953]

の一連の仕事は以後の証明論にきわめて大きなインパクトを与え，その発展に大きく貢献した．ゲーデルも竹内の多くの論文を読み，大きな関心をもったという．竹内は後にプリンストン高等研究所へ何回も招かれ，ゲーデルと数学基礎論についていろいろな議論を行ったという（第 III 部，第 1 章参照）．解析の大きな部分システムの無矛盾性を証明した竹内の論文 [Takeuti 1967] はゲーデルが査読したということである．なお GLC の基本予想は高橋元男によって証明されたが [Takahashi 1967]，それは竹内が望んだ方法ではなく，集合論に基づくものであった．したがって，もちろん解析の無矛盾性が証明されたとは言えないのである．このとき高橋は大学院修士課程の学生であった．彼は高校生のときゲーデルの「赤い本」を読み数学基礎論に興味をもった．そ

して学部学生のとき基礎の公理についての小論を『数学』に載せた (1965).

1955 年度年会の特別講演,前原昭二「ε-記号を含む述語計算について」はヒルベルトの ε-定理の拡張である.ゲーデル関連では,1955 年度秋に前原の「ゲーデルの決定不能命題について」,1957 年度秋には西村敏男の「ゲーデルの定理と無矛盾性の証明」がある.前者はおそらく後に「第 2 不完全性定理の内容的解釈」[前原 1991] として公表されたものであろう.ところでゲーデルは初期の頃,現在ふうに述べれば,直観主義命題論理の論理式 F にゲーデルの変換を施したものを F' とするとき「F が直観主義命題論理で証明可能ならば F' が様相論理システム S4 で証明可能である」ことを示し,この逆も成り立つだろうと予想した [ゲーデル全集 I, 1933f].前原はゲーデルの予想(マッキンゼイ・タルスキにより解決 (1948))を述語論理に拡張した形でカット消去法により解決した [Maehara 1954] [ゲーデル全集 I, p. 297].西村の講演は後に「ゲーデルの定理をめぐって」という題で公表された [西村 1959].

1956 年度年会で梅沢敏郎は講演「命題論理の中間系 (I) (II)」を行った.ゲーデルは [ゲーデル全集 I, 1932] で古典命題論理と直観主義命題論理の間に無限個の中間論理のシステムがあることを示していた.これに対して梅沢は中間論理のシステムたちが包含関係に関してなす非線形順序構造を詳細に調べ,後に述語論理へも拡張した [Umezawa 1955; 1959a; 1959b].ゲーデルとは直接関係ないが大西正男・松本和夫は様相論理をゲンツェン型のシステムとして定式化し,カット除去定理を証明して従来とは異なる決定手続きを与えた (1957–61).

この時代の啓蒙書,教科書などをいくつか見てみよう.「赤い本」[Gödel 1940] の邦訳が出てから 3 年の後,『現代数学の諸問題』[正田 1949] が出版された.これは短い記事の集まりである.このなかに井関清志の「連続体の問題」という記事があり,不完全性定理や「赤い本」の内容に言及している.1950 年代後半には,竹内外史『数学基礎論』[竹内 1956],吉田夏彦『論理学』[吉田夏 1958] が出版された.これらはゲンツェン流の証明論を中心に据えた教科書ないしは啓蒙書である.前者は論理体系 LK の基本定理についてていねいに解説し

ており，その他に LJ や自然数論の体系 NN[17]を扱っている．後者は前者よりも一層，初学者向けに書かれている．第3章までで論理体系 NK について解説し，その後におよそ30頁からなる第4章「論理学の意義」が続く．第4章の第6節はゲーデルの不完全性定理と名付けられている．そこで吉田は

> 「1階の自然数論が整合的であるならば，この自然数論の命題のなかにはそれ自身も，その否定命題も定理ではなく，かつ変項をふくまないという性格をもつものが存在する」（これを**ゲーデルの不完全性定理**という）[18]

と記している（同書，p.117）[19]．吉田はまた，不完全性定理が登場した後の時代における数学基礎論の話題として，ゲンツェンの結果に触れているほか，

> … ゲーデルは1940年，一つの集合論の公理論であって連続体仮説のなりたつことを主張する公理と選出公理のないものが整合的であるならば，この二つの公理をもとの公理論につけくわえてえられる公理論もやはり整合的であることを証明した．

と，赤い本の内容に言及している（同書，p.119）．

また，このころ発行された赤攝也の教科書『集合論入門』[赤 1957] は，その後長期間にわたって読み継がれ，現在に至っている．

3.5 ゲーデルが還暦を迎えた頃の日本

1964年には東京オリンピックが開催され，神宮外苑の国立競技場[20]では開会式と閉会式が行われた．この頃の日本では電話とテレビをもつ家庭が急

---

17) LJ はゲンツェンの直観主義論理の体系，NN は LK を自然数論向きに改変した体系（本シリーズの第2巻参照）．
18) 太字は原文通り．
19) 正確に言うと，この記述はロッサーによる修正を含んだ形であり，しかも自然数論に限定したものである．
20) 1958年竣工の新しい競技場．

速に増えていった．1965 年は不況で，日本政府は戦後初めて赤字国債を発行した．翌年 1966 年にゲーデルは還暦を迎えた．この頃，大学生や大学院生向けの数学基礎論，数理論理学，計算の理論の教科書が充実していく一方，他方では良きにつけ悪しきにつけ，ゲーデルの大衆化のきざしが現れた．ゲーデルについての大衆向けの解説書が本格的に現れ始めるのと同時に，ゲーデルについての誤解の定番も確立されていった．

まずはしっかりした専門書や教科書をみていこう．デイヴィスの著書『計算の理論』[Davis 1958] は 1966 年，渡辺茂と赤擂也によって邦訳された．1967 年にはアメリカで数理論理学の教科書 [Shoenfield 1967] と計算の理論・再帰理論の教科書 [Rogers 1967] が刊行された．これらは大学高学年から大学院生向けの教科書である．この二著には近藤・アディソンの定理の証明が詳述されており，とくに前者に書かれている証明をみた近藤は「クリアーだねぇ」と筆者に語った．数学基礎論の入門書 [Kleene 1952] の日本国内向けリプリント版が，1969 年と 1972 年に東京大学出版会から出版された．

さて，こうした専門書や教科書とは別に，不完全性定理についての大衆向け解説書の翻訳『数学から超数学へ』[ナーゲル・ニューマン 1968] が出版された．原著 (1958) は，『サイエンティフィック・アメリカン』誌の記事 (1956) を大幅に加筆したものである．この書物には誤解を与える記述が散見され，それらは翻訳の問題ではなく原著の問題である．専門家でない人びとがゲーデルに興味をもつきっかけを与えた書物だけに残念である．一例をあげると，[ナーゲル・ニューマン 1968] の第 5 章および第 7 章の記述[21]によって，予備知識のない読者が完全性定理の「完全」と不完全性定理の「完全」の意味の違いを混同するおそれがある．前者は論理の性質であるのに対して，後者は理論の性質である[22]．これらを混同することは，ゲーデルに関する誤解の定番の一つである．原著の最新版 [Nagel and Newman 2001] はホフスタッターによって編集され，新しいまえがきを付けられたものであるが，上記に対

---

21) 1985 年発行の第 1 版第 15 刷では pp.73–75 および pp.120–121．また，1999 年発行の改訂新装版第 1 版第 1 刷では pp.77–78 および pp.125–126．
22) 二つの「完全」の意味の違いについては，たとえば [田中一・鈴木 2003, p.183] を参照．

応する箇所[23])において問題点は修正されていない．実は，ネーゲルとニューマンには，誤りを大幅に減らす絶好の機会があったのに，彼らはその機会をみすみす逃したのである．原著単行本 (1958) 発行の前年に，ネーゲルとゲーデルの間で交わされた手紙のやり取りがフィファーマンによって紹介されている [Feferman 2005, pp.142–143]．それによると，ネーゲルは自分たちの本の付録としてゲーデルの不完全性定理の論文 (1931) の英訳，およびゲーデルの講演 (1934) を収録したいと願い，ゲーデルに了承を求めた．ゲーデルは収録の条件として，金銭的な条件のほかに，もう一つの条件を提示した．それは，ゲーデル本人がネーゲルたちの原稿を点検し，必要に応じて修正するというものであった．ネーゲルたちはこの条件を拒み，ゲーデルの論文を付録として収録するのを断念したとのことである．

3.6　ダイアレクティカ論文およびそれ以降のゲーデルの業績

　ゲーデルは相対性理論の論文の後，数年間の沈黙を経て「有限の立場のいままで利用されなかった拡張」(1958) [ゲーデル全集 II, pp. 240–251] をドイツ語で発表した．発表された雑誌名をとって「ダイアレクティカ論文」と呼ばれている．*Dialectica* のこの号 (No.12) はベルナイスの古希記念号であった．ここで彼は有限型の原始再帰的汎関数のシステム T を定義し，直観主義的自然数論のシステムを T に還元することによって，その無矛盾性を証明したのである（したがって古典的自然数論の無矛盾性も導かれる）．この還元は「ゲーデル解釈」（またはダイアレクティカ解釈）と呼ばれている．無矛盾性を証明する立場の問題なので哲学的考察が絡む．ゲーデルは後年その改訂版を書いたが，ついに発表せず，[ゲーデル全集 II] で初めて日の目を見ることができたのである（同書，pp. 271–280）．さてこのゲーデルの論文は自然数論をどのシステムへ還元するかという問題を提起することになり，多くの研究者の関心を呼び，それらの研究の源となった．日本の数学者ももちろんこ

---

23)　pp.55–56 および pp.102–104．

の論文に関心をもった．八杉満利子はゲンツェン型システムを用いて直観主義解析を定義し，そのゲーデル解釈を取り扱った [Yasugi 1963]．紀晃子は解析のある部分体系における証明可能再帰性 (provable recursiveness) がゲーデルの原始再帰的汎関数と一致することを証明した [Kino 1968]．ところで，システム T は無矛盾性をその上で証明するという根拠地なので有限型の原始再帰的汎関数が「実際に計算可能」であることを示す必要がある．これを最初に証明したのは日向茂である（ハワードも独立に証明）．彼は有限型原始再帰的汎関数をある種の項として捉え，項に順序数を対応させることによってそれが遂には数値に還元されることを証明した [Hinata 1967]．この順序数は $< \varepsilon_0$ である．花谷圭人はカット除去定理を用いて原始再帰的汎関数が実際に計算可能であることを示した [Hanatani 1975]．このように直接的に，しかも発表からあまり時を経ずして幾人もの日本の数学者たちがゲーデルの論文に密着した仕事を行ったことはそれまでになかったことである．高野道夫はゲーデルの計算可能汎関数（現在では原始再帰汎関数と呼ばれる）についての総合報告を書いた [高野 1977]．ゲーデル解釈全般については [竹内・八杉 1988] の第 3 章で八杉が詳しく解説した．なお前原 (1979) はゲンツェンの自然数論の無矛盾性証明の意義について熟考し「直観主義的自然数論の基礎付けには命題の真偽により一層の精密な定義を与えることが必要であり，ゲンツェンはそれを実行した」と分析したが，それに関連してゲーデルのダイアレクティカ論文は「直観主義的自然数論の命題の真偽に一つの解釈を与えたもの」と述べている[24]．

さて日本数学会以外にも数学基礎論が関係する学会がある．1957 年末綱恕一が中心となり数学基礎論学者・物理学者・哲学者の一部が集まって「科学基礎論学会」が誕生した．もちろん現在も続いている学会である．その機関誌の第 18 号 (第 5 巻, 1961) は数学基礎論特集号である．執筆者は既出の竹内・西村・前原のほか赤攝也・島内剛一である．内容は偏っていて，集合論と計算機（人工知能）の話題のみであった．エピローグを担当した岩村聯は

> しかし単なる好奇心や謀叛気が我々を一斉に（計算機に）熱狂さ

---

[24] なお，ゲーデルのダイアレクティカ論文については本巻の第 III 部およびシリーズ第 3 巻で詳しく取り扱われる．

せたとは思われない．人々は意識したかどうかは別として目前の
仕事の将来性を感じたのではあるまいか …

と述べている．いまから 40 年も昔のこと，当時は計算機のそして計算機科学の今日の発展を予想できなかったが，たしかにその将来性を感じていたことは言うまでもない．1970 年頃以降になると計算機科学へ多くの数学基礎論学者が参入した．ゲーデルが発明したゲーデルナンバリングは計算機科学で空気のように意識されず使われている．

　ここで再び連続体仮説の問題に戻ろう．1962 年秋冬学期近藤基吉はゲーデルに招かれてプリンストンで研究生活を送った．町へタクシーで出かけたとき雨の中を歩いていた青年をタクシーに呼び入れた．青年は医学専攻ということで話がないので近藤は，数年前にフリードバークというティーンエイジャーがすばらしい仕事をした，と語った．すると青年はそれは私ですという．これには近藤もびっくり，それからは話がはずんだという．これは互いに比較不可能な再帰的次数をもつ 2 つの再帰的可算な集合（あるいは関数）を発見したことをいう．いわゆるポストの問題を解いたのであった．またプリンストンの図書室で美人数学者 P 女史が最下段の本を足で蹴り入れたと，当時の日本の習慣との違いに驚かれたそうである．それはともかく近藤は半年の研究生活を終えて翌 1963 年 4 月下旬に帰国した．われわれ数学基礎論グループの何人かが羽田に出迎えた．そこで皆で喫茶室へ入って早速アメリカでの数学基礎論の動向を拝聴した．現在のようなインターネットの時代ではないのでこのような機会は新しい情報を得る絶好のチャンスだった．「コーチェンという人が選択公理と連続体仮説について決定的な仕事をした，とクライゼルが言っていた」とのこと，これを聞いて竹内外史は早速クライゼルに連絡をとって（コーチェンではなく）コーエンのプレプリントを入手することができた．そしてそれは燎原の火のように四方に広まったのである．内容は今日では人口に膾炙している「連続体仮説と選択公理の独立性」を強制法によって証明したもので，筆者はこれを理解するのにかなりてこずった記憶がある．その結果と証明の概略はアメリカ科学アカデミーのゲーデルのところへ送られた．ハオ・ワン [Wang 1987, p.124] は「ゲーデルはコーエンと連絡を取って the paper の誤植の訂正や磨きをかけた．ゲーデルは年末ごろアカデミーへ伝達した」と言っているが，その前文からみると the paper が上記の出回っていたプレプリントであると受け取れる．しかしアカデミーに載っているのは別のスケッチ的な短い 2 編の論文である[25]．アカデミー報告が出版されたときはすでにアメリカ数学会発行の Notices[26] にコーエンの強制法を使ったソロヴェイ，レヴィ，フィファーマンらの諸結果が発表されていた．ゲーデルがコーエンの論文を慎重に査読している間に強制法の研究は猛烈な勢いで広がっていたわけである．日本でもいち早く近藤基吉が強制法によるある結果を同じ雑誌 Notices に発表した (1964)．ゲーデルは当時，前に述べた「カントルの連続体問題とは何か」という論説の改訂版を [Benacerraf and Putnam 1964] のために準備していた．そのあとがきにコーエンの「証明のスケッチがアカデミーの報告にまもなく現れるであろう」と書いた．

さて，1966 年 4 月 22 日オハイオ州立大学でゲーデルの還暦記念および不完全性定理出版 35 周年記念を祝ってシンポジウムが開かれた．事情は分からないが [Wang 1987, p.126] には「準備不足の (ill-prepared) シンポジウム」と書いてある．この会の報告，ゲーデルの還暦を祝うというサブタイトルをもった『数学の基礎付け』という本 [Bulloff et al. 1969] には冒頭にプリンストン高等研究所所長オッペンハイマーの祝辞とゲーデルの挨拶がある．ゲーデルは出席できないことを詫び，この本を楽しみに待っていると述べた．このシンポジウムでは竹内外史，レヴィ，サックス，ソロヴェイらが講演した．竹内の演題は「集合論の宇宙」であった．そのなかで直接ゲーデルに関連するものとしては，ゲーデルの V = L（集合はすべて構成的である，という公理）が竹内の提案した集合論と無矛盾であるという結果が示されている．

ゲーデルは前にも触れたように巨大基数に関心をもっていた．「赤い本」[Gödel

---

25) 実際 [Cohen 1964] の末尾には，この論文準備中の有益な示唆と以前の exposition（たぶん上記プレプリントのことであろうか）の弱点の訂正に対するゲーデルへの謝辞が述べられている．また，「本論文の結果は最初 1963 年 4 月スタンフォード大学で刷られた (multilithed) ノートとして出版された」とある．このノートがわれわれの手に渡ってきたのである．
26) Notices of American Mathematical Society（旧シリーズ）．1980 年代まではこの雑誌は現在の "Abstracts of papers presented to the American Mathematical Society" の役割もかねていて，年に 6–7 冊が発行されていた．

1940] の第 2 版 (1951) でも，そのノート 10 で，マーロ基数の存在を付け加えても良い，と述べて関心のほどを示している．スコットが「可測基数の存在が非構成的集合の存在 ($V \neq L$) を導く」という結果 [Scott 1961] を示して以来，巨大基数は急に脚光を浴びるようになった[27]．わが国の数学者にも，いち早くこの分野の戦線に加わった人たちがいる．竹内外史は基数についてのある種の超越性の仮定が $V \neq L$ を導くことを示し [Takeuti 1965]，難波完爾はある種の巨大基数の存在と相対化構成可能性公理（ゲーデルの L を与えられた集合によって相対化したもの）との関係，その他を研究した (1965–68) [難波 1966; 1967] [Nanba 1967]．後に難波はある興味深い特異な現象をもたらす難波強制法 (Namba Forcing) を創案した (1971) [Jech 2003, p. 561]．

---

27) マーロ基数，可測基数などの巨大基数については本シリーズの第 4 巻を参照．

第4章
数理論理学のさまざまな発展
1970年代以降

4.1 1970年代前半の日本

　1970年代初頭のビッグニュースはマティヤセヴィッチによるヒルベルト第10問題の解決 (1970) である．これはディオファントス方程式を入力として受け取り，それが解をもつか否かを決定するアルゴリズムがあるかを問う問題で，デイヴィス・パトナム・ロビンソンの結果を利用しマティヤセヴィッチが否定的に解いたのである[1]．筆者は最初の海外出張でアメリカのイリノイ大学滞在中の1971年にセントルイスで行われた学会に出席し，デイヴィスによるかなり詳しい講演を聴いた．その講演で彼が，K氏はデイヴィス・パトナム・ロビンソンの結果はヒルベルト第10問題の解決に役に立たないと批評したと言ったとき，大きな会場に爆笑が起こった．なおゲーデルが不完全性定理の証明に使った手法がこの第10問題の解決に利用されていることは注目すべきことである．マティヤセヴィッチ自身「ゲーデルのコーデングはヒルベルトの第10問題の研究に特別な役割を演じている」と述べた [Matiyasevich 1993, p.53]．
　——セントルイスの学会ではショーンフィールドにも会ったので「近藤・ア

---

　1) 筆者は1990年アメリカのサンタ・バーバラに滞在中，ロサンゼルスでのシンポジウムに出席し，そこでこの結果のリーマン予想への応用について，直接マティヤセヴィッチの講演を聴いた．

ディソンの定理の貴方の証明は very excellent だと近藤が言っていた」と伝えたところ，微笑を浮かべながら「Novikov-Kondo-Addison」と言って，定理へのノヴィコフの貢献を注意したのだった．実際彼の本 [Shoenfield 1967] はこの 3 人の名前を記している．

さて，その頃の日本では都市が膨張し，行政主導で郊外に[2]大規模な新興住宅地が建設されるようになった．また，このような新興住宅地の近くへ大学が移転する事例が見受けられるようになった．万国博覧会 (1970) の開催に先立ち，博覧会会場予定地周辺に千里ニュータウンが整備され，大阪大学の豊中キャンパス，吹田キャンパスが設置されたのがその嚆矢であろう．万博の翌年には東京の多摩丘陵で多摩ニュータウンへの入居が始まった．多摩ニュータウンへは，後に東京都立大学[3]が移転する (1991)．また，1974 年には，東京教育大学を母体として筑波大学が開学し，キャンパスの大部分を茨城県の筑波研究学園都市におくことになった．

1970 年代前半の教科書をいくつかみてみよう．『現代集合論入門』[竹内 1971][4]は日本語による本格的な現代集合論の教科書である．翌年には連続体仮説の独立性に関するコーエンの業績[5]が邦訳された [コーヘン 1972]．その後に現れた『数理論理学』[前原 1973] は証明論，とくにゲンツェンの基本定理に重きをおいた数理論理学の入門書である．基本定理の応用としてヒルベルト・ベルナイスの ε-定理を証明しており，これは前原が自身の論文 (1955) で示した証明方法である．最終章ではゲーデルの完全性定理について，竹内外史が発案した証明方法を紹介している．日本語による証明論の教科書としてはすでに『数学基礎論』[竹内 1956] が知られていたが，1970 年代半ばにはその増補版 [竹内・八杉 1974] が出版された．

1975 年には，高橋元男が日本数学会から彌永賞を受けた[6]．

---

2) 「郊外に建設された」というのは実は正確な言い方ではない．この時期の宅地開発の結果，できあがったニュータウンの所在地が「郊外」として認知されるに到ったのであり，開発以前は，もっと都心に近い場所が「郊外」と呼ばれていた．
3) 現，首都大学東京．
4) 増補版は [竹内 1989b]．
5) 3.6 節を参照．
6) 「数学基礎論の研究，とくに GLC の基本予想の解決」．3.4 節を参照．彌永賞は現在の日本数学会賞春季賞の前身である．

4.2 パリス不完全性定理

さてここで不完全性定理にまつわるある出来事を紹介しよう．1977 年のことである．前にも触れたが筆者はその年 2 度目の海外出張を認められ，3 月末にロサンゼルスに着いた．直後の衝撃については [田中 2005] で語った．今度の話は 5 月のことである．UCLA と Cal Tech のロジック・グループは学期中大体毎週のように両方の数学教室でセミナーを行っていた．ちょうどその年の春学期，ソロヴェイが Cal Tech に滞在していた．先に紹介したウッディンの講演（3.3 節）の前週の予定表にはロジック関係のセミナーが 3 つ載っていた．そのうちの一つは "TUESDAY, MAY 10 12: P. M. — R. M. Solovay, UC Berkeley, currently visiting Cal Tech, "COMBINATORIAL THEOREMS UNPROVABLE IN ARITHMETIC." (Informal Seminar, CALTECH – UCLA Logic II, A. Kechris — Y. Moschovakis) Sloan 157" であった．Sloan は Cal Tech の教室名である．聞けばこれはパリス・ハーリントンの仕事の紹介だという．ソロヴェイが他人の話をするなんてどういうことなのだろう，と首を傾げながらパサデナ[7]の Cal Tech へ出かけた．しかしこれは一つの「大事件」と言ってよいものだった[8]．PA を 1 階ペアノ算術のシステムとし，それは無矛盾であると仮定する．前にも述べたようにゲーデルは，決定不能命題あるいはゲーデル文と呼ばれるものを創造した [Gödel 1931]．決定不能命題とはいかなるものか，ロッサーによって修正された形でなおかつ PA に限定して述べれば[9]，PA が無矛盾であるとすると PA の命題 G でその肯定も否定も PA では証明不可能なものがあり，このとき G を決定不能命題というのである．G は解釈の下で真な命題である．このような G としてはその後いろいろ考えられたが，いずれもシステムのコーディングに関

[7) ロサンゼルス中心街をはさんで UCLA（西）と反対側（東）にある町．
[8) 翌週も続きが話された．5 月は他にも興味ある講演があり密度の濃い月であった．
[9) 第 3 巻で詳細が述べられる．

係した論理式であった[10].いわば超数学に密着したものである.それで長い間,純数学的な命題で不完全なものが探し求められてきたのである[11].ところがそのようなものがパリスによって発見されたわけである.ことの大きさを知ってソロヴェイの講演の意義を納得した.パリスは自然数の有限集合が n-large である (n は自然数) という概念を定義し,パリス原理「どんな自然数 m に対しても n があって,区間 $[0,m)$ が n-large になる」を考えた.そのとき次が成り立つ.

パリス不完全性定理:「パリス原理は真である (すなわち集合論的手法によれば証明できる),しかし PA ではこの原理を証明できない」

ソロヴェイは PA の超準モデルを使った証明を紹介したのであった (詳細は [田中 1978]).ハーリントンはパリスの方法が有限形ラムジィ定理のちょっとした変形に適用できるとして,別な形の決定不能命題を得たのである.ラムジィ形については [田中一他 1997] を参照.ソロヴェイはすぐ後でこれに関連した彼自身の研究「急増大ラムジィ関数」を行った.帰国後筆者はあるシンポジウムでパリス・ハーリントンの話を紹介したが,日本にはそのときまだこの新結果についての情報が伝わっていなかったようであった.その後日本でも関心がもたれるようになったが,それについてたとえば倉田令二朗の研究がある.彼は「パリス・ハーリントン命題はペアノ算術のシステム上のある種の反映原理と同値である」ことを示した.

---

10) 計算機科学においても 1976 年頃から「計算機科学における独立性結果 (Independent results in computer science)」と呼ばれる研究があるが,筆者がみたところでは,システム全体に関係して構成した命題であったり,PA の部分体系についてのもの,あるいはプログラムの停止問題のようなものであり,(パリス・ハーリントン命題のような) 数学的命題とは言えないもののようである.
11) 3.3 節で述べたディオファントス方程式に関する決定不能命題は,たしかに数学的命題であるが,それは元の決定不能命題を使って導かれており,ここで言う純数学的命題とは言いがたいものである.

4.3 アメリカ滞在中に知ったゲーデルの訃報

1978（昭和53）年1月14日，ゲーデルは71歳で逝去した．同年1月16日（月）の『ニューヨーク・タイムズ』はつぎのように報じた．

> クルト・ゲーデル逝去（享年71歳）．プリンストンの論理学者．金字塔と呼ぶべき定理をうちたてた．またアインシュタイン賞を受賞．

に続いて，ピーター・フリントという人が解説記事を書いた．そこにはかつてフォン・ノイマンが語った「クルト・ゲーデルが数理論理学において成し遂げたものは非凡な (singular) かつ記念碑的なものである．実際それは記念碑以上のものであり，時空のはるか遠くに見えつづけるランドマークである」という言葉が引用されている．この「記念碑以上のもの」は記事の途中の見出しにもなっている．これはゲーデルがアインシュタイン賞を受けたときフォン・ノイマンが述べた言葉である．その全文は先にあげた [Bulloff et al. 1969] に載っている．

UCLA では1月27日にゲーデルの追悼のための特別集会が開かれ，C. C. チャンがゲーデルの思い出を語った．とくに印象に残っているのは，彼がプレプリントを渡すためにゲーデルの研究室を訪ねたが，ドアを細めに開けてもらえただけで中へは入れず，隙間のように狭い間から論文を渡さざるを得なかった，という話である．受け取ったゲーデルは「サンキュウ」と言って引っ込んでしまった．チャンはそのしぐさを真似ながらそう語った．ゲーデルの人嫌いは有名であったが，そのときはロジシャンのチャンとさえ会話をしなかったようである．

日本では海外の数学者の死が新聞に載ることはほとんどない．そこで，日本には伝わっていないだろうと考えて，東京の知人にすぐ航空便で知らせた．そのとき，要望により『ニューヨーク・タイムズ』の記事を送った記憶がある．もちろん別な情報源からも伝わったようである．そして雑誌『数学セミナー』の 1978 年 5 月号（発行は 4 月上旬）に竹内外史による追悼記事が載った．

> THE NEW YORK TIMES, MONDAY
>
> ## KURT GÖDEL, 71, DIES; A PRINCETON LOGICIAN
>
> ### Formulated a Hallmark Theorem and Received Einstein Award
>
> **By PETER B. FLINT**
>
> Dr. Kurt Gödel, regarded by some mathematicians as the world's leading logician, died on Saturday at the Medical Center in Princeton, N.J. He was 71 years old and lived at 145 Linden Lane in Princeton.
> Dr. Gödel formulated Gödel's Theorem, which became a hallmark of 20th-century mathematics and generated tremendous strides in mathematical logic and the foundations of modern mathematics.

図 4.1 ゲーデルの死を報じた『ニューヨーク・タイムス』の記事（1978 年 1 月 16 日）．

日本でゲーデルが専門外の人びとに広く知られるようになったのは 1980 年代半ば以降，ホフスタッターの『ゲーデル・エッシャー・バッハ』の翻訳 [ホフスタッター 1985] が出版されてからのことであろう．たとえば雑誌『現代思想』の 1989 年 12 月号は「特集 ゲーデルの宇宙」と題し，多くの人がゲーデルを主題として論説を書いた．『TIME が選ぶ 20 世紀の 100 人』[12]にはゲーデルとテューリングが載っている．

ゲーデルはたくさんの覚書を残した．それらのなかに人騒がせなものがあった．彼は「連続体の真の濃度が $\aleph_2$ であるという有望な (probable) 結論へ導く考察」と題する論文 [ゲーデル全集 I, 1970a] をアメリカ科学アカデミーの会報へ発表すべくタルスキ[13]へ送ったのである．これは 3.3 節で述べたゲー

---

12) これは『タイム』誌が 1998 年 4 月–1999 年 6 月に連載した 20 世紀特集を上・下 2 巻に集めて訳したもので，上巻は「指導者・革命家・科学者・思想家・起業家」から 50 名が選ばれている．ちなみに下巻はアーチスト・ヒーローなど．
13) 当時タルスキとゲーデルはともに，数理論理学関係のアカデミー会員であった．

デルの連続体仮説の否定への関心の一環である．タルスキはその査読をソロヴェイに依頼する．と同時にそのコピーが世の中を駆け巡った．もちろん日本にも届いた．チャンは先ほど述べたゲーデル特別集会で，「ある人がそのコピー第1号をもっていると云って自慢していた．コピーの1号をもって喜んでいたとて仕方がない」と笑いながら話していた．さてソロヴェイやマーチンによってこの論文にミスがあることが分かったので，タルスキは論文をゲーデルに返送した．ゲーデルはこれに関してさらに2つのノートと未発送のタルスキへの手紙を残した．そのなかでゲーデルはこのノートを病気であった直後に書いたこと，薬が精神機能をそこなったこと，などを述べている．この辺の事情は [ゲーデル全集 II, III] に詳しく解説されている．竹内外史は早くからこのいわゆるゲーデルの「正方形公理 (square axioms)」を研究し重要な貢献をなした．III で解説を書いたソロヴェイが竹内に意見を求めているほどである．彼の研究の一部分は [Takeuti 1978] として公表されている．しかし内容が複雑なのでここでは詳細には立ち入らない．興味ある読者は [竹内 1972] [ゲーデル全集 III, pp.405–425] を参照されたい．

4.4　ゲーデルが亡くなった頃の日本

　ゲーデルが去った年のアメリカでは，集合論の教科書 [Jech 1978] が出版された．また，カーニハンとリッチーの共著『プログラミング言語 C (*The C Programming Language*)』が出版された．1979 年には国公立大学の共通一次試験[14]が始まった．1970 年代末期のアメリカや日本では，個人が趣味で使うための小型コンピュータが次々に発売されるようになった．当時の日本では，この種のコンピュータをマイコンと呼ぶことが多かった．1970 年代末期の日本ではコンピュータを利用したゲーム[15]と音楽[16]が一世を風靡した．試験の採点にコンピュータが導入されるのを見届けた当時の文部官僚にせよ，

---

14)　センター試験の前身．
15)　インベーダー・ゲーム．
16)　イエロー・マジック・オーケストラ，後に略称 YMO．

そしてまた，マイコンやコンピュータ・ゲームや電子音楽を楽しんでいた当時の若者にせよ，彼らの大部分は，コンピュータの原理の源泉のいくつかがおよそ半世紀前のゲーデルの不完全性定理の論文[17]やチューリングの論文にあることを知らなかったであろう．

1970年代後半から1980年代前半の啓蒙書や教科書のうち，ゲーデルの主要業績に触れているものをいくつか振り返ってみよう．[難波 1975] は公理的集合論の教科書である．[竹内 1976] は集合論の啓蒙書として特筆に価するものである．一般読者向けにたとえ話を使いながら，ゲーデルのLやコーエンの強制法の雰囲気をも伝えようとしている．集合と論理を一体のものとして扱う姿勢もこの本の特色である[18]．また，私事で恐縮であるが現代数理論理学の入門書 [クロスリー 1977] が出版されたのもこの頃である．これは筆者の翻訳と書き下ろしの解説からなり，不完全性定理，完全性定理，ゲーデルのL，コーエンの強制法などを扱っている．同年に出版された [前原 1977] は不完全性定理についての教科書である．型の理論を用いて命題論理，述語論理，自然数論を論じた後，ゲーデルの原論文の論理展開をほぼ忠実に再現している．自然数の関係および関数についての形式的な表現の可能性，ゲーデルの対角化定理，ゲーデルの第一不完全性定理，ロッサーの不完全性定理，ゲーデルの第二不完全性定理，帰納的関数（＝再帰的関数．以下同様）という順で話を進めている．その少し後に出版された [福山 1980] は数理論理学の教科書であり，完全性定理，不完全性定理などを扱っている．

4.5　ゲーデル没後についての補足

1980年代なかば以降の日本においては，専門家以外の人びとの間にも徐々にゲーデルの名前が浸透していった．ホフスタッター，柄谷行人，スマリヤ

---

17) [Gödel 1931] には原始再帰的関数 (primitive recursive function) の概念が（呼称は違うが）登場する．これは「計算可能な関数」の概念の特殊な場合に相当する．ゲーデルの証明には，プログラミングの考え方の萌芽がある．

18) この時期に竹内は数学基礎論とその周辺分野について多くの啓蒙書や教科書を世に送っている．[竹内 1978, 1979, 1980] など．

ン，ペンローズなどの著作には，ゲーデルの数学的業績について誤解を与える面はあるものの，専門家以外の人にゲーデルの名前を普及させる上で一定の役割を果たした．

以下，本節ではゲーデル没後の話題について，いくつか補足を述べる．主にゲーデルの主要業績に関係する教科書や啓蒙書，および数学基礎論やその関連分野における日本人研究者の受賞についての話であるが，本節の話題の選択基準は筆者らの思いつきにすぎず，包括的でないことをお断りしておく．

1982 年には，竹内外史が朝日賞を受けた[19]．1985 年には，八杉満利子が猿橋賞を受けた[20]．

[廣瀬・横田 1985] は「ゲーデルの生涯」「集合論とパラドックス」「完全性定理」「帰納的関数と計算可能性」「不完全性定理」の各章からなる．巻末に完全性定理についてのゲーデルの原論文の日本語訳と，不完全性定理についてのゲーデルの原論文の日本語訳を掲載している．

また，[竹内 1971] の前半のロジシャンの伝記や彼らとの交遊録を独立させた本 [竹内 1986] も出版された．

1980 年代の日本では [西村・難波 1985] など，集合論や数理論理学の教科書の出版が続いた．[竹内・八杉 1988] は [竹内・八杉 1974] を拡張したものである．拙著には [田中 1982] や [田中 2005][21] がある．これらはいずれもゲーデルの仕事の解説を含んでいる[22]．

ところで 1983 年に，オーストリア科学アカデミーと科学論研究所はザルツブルクでゲーデルについての談話会を開催した．その報告集『思い出のゲーデル (*Gödel Remembered*)』（ワインガルトナー・シュメッテラー編，1987）にはルドルフ・ゲーデル「ゲーデル家の歴史」，タウスキー・トッド「クルト・ゲーデルの思い出」，クリーネ「1930 年代のロジックの学生達に与えたゲーデルの影響」，クライゼル「直観主義論理におけるゲーデルの足跡」の 4 講演

---

19) 竹内の研究業績のうち，とくに解析の大きな部分システムの無矛盾性については 3.4 節を参照．
20) 八杉の研究業績の一部については 3.6 節を参照．猿橋賞は優れた女性科学者に贈られる賞である．
21) 初版は 1987 年．
22) 他の著者の本もかなりの数出版されているが割愛する．

が収められており，ツェルメロからベール[23]への手紙が付録として掲載されている．ルドルフはゲーデルの実兄である．タウスキー・トッドはウィーン大学でゲーデルの学友だった数学者である．そしてクリーネとクライゼルはともに著名な数理論理学者である．この報告集の日本語訳が『ゲーデルを語る』[ゲーデル 1992] である．

さて，ゲーデルは計算可能性や計算の複雑さ[24]の研究の先駆者でもある．EATCS[25] と ACM-SIGACT[26] は理論計算機科学の優れた論文に対する賞としてゲーデル賞を設けている．1993 年から毎年授賞を行っており，日本人では 1998 年に戸田誠之助 [Toda 1991] が受賞した．

また，1980 年代以降に発展した限定算術 (bounded arithmetic) という分野においては，多項式時間計算可能性の概念と証明論的体系との興味深い関係が明らかにされ，ゲーデル文（4.2 節を参照）に対する新しい観点が与えられた．竹内外史は [Clote and Takeuti 1986] や [Takeuti 2000] など，この分野で多くの研究成果を発表している．限定算術とその周辺についての解説としては [竹内 1995, Takeuti 1997] などがある．

アメリカでは 1986 年から 2003 年にかけて [ゲーデル全集] が刊行された．さらに，ゲーデル史料研究の第一人者ドーソンによって [Dawson 1997] が出版された．こうしてゲーデルの業績や生涯について，それまでになく緻密な資料が提供されるにいたった．

2001 年には，照井一成が計算機科学における論理学の第 16 回 IEEE 年会 (16th Annual IEEE Symposium on Logic in Computer Science (LICS 2001)) においてクリーネ賞（最優秀学生論文賞）を受賞した．

2004 年には，新井敏康が日本数学会賞秋季賞を受けた[27]．この受賞対象

---

23) [ゲーデル 1992] では「ベーア」と表記している．
24) 1956 年にゲーデルから病床のフォン・ノイマンへ送られた手紙のなかに，今日 P=?NP 問題と呼ばれる問題が実質的に現れている．[Hartmanis 1989] [ゲーデル全集 V, pp.372–377] 参照．
25) European Association for Theoretical Computer Science，欧州理論計算機学会．
26) ACM は Association for Computing Machinery の略で，アメリカに本部をおく計算機の学会．SIGACT は Special Interest Group on Algorithms and Computing Theory で，ACM のアルゴリズム・計算理論分科会．
27) 「Hilbert の第 2 問題に関する証明論の展開」．

になった研究はヒルベルト，ゲンツェン，竹内外史の流れに連なる，いわば正統派の証明論を大きく前進させたという点において突出したものである[28]．

4.6 第I部の結び[29]

言うまでもなくゲーデルの業績は偉大である．1963年のポール・コーエンの「連続体仮説と選択公理の集合論からの独立性」もゲーデルの集合論の仕事がなければあり得なかったであろう．またイェンセンの「Lの微細構造の研究」ももちろんあり得ないことである．その後誰かがLを発見しない限りのことではあるが．現代の集合論一般はゲーデルのLなしには進行しない．モストウスキの同形定理もレヴィの反映定理もゲーデルの研究あってこその結果である．数学基礎論を勉強した人は誰でもゲーデルからの恩恵を蒙っている．のみならず，集合論や計算理論を含む広い意味での数理論理学とその関連分野，あるいは分析哲学を学んだ人はみなゲーデルからの恩恵を蒙っていると断言できる．ゲーデルの名は数学史・哲学史に永遠に残り，彼の影響はこれからもずっと続くであろう．

一方，日本において20世紀前半までは，今日と違って各専門分野のシンポジウムも少なく，情報が全国にすばやく伝わることも少なかったであろう．また記録も少なく当時の様子を伝えることはなかなか困難なことである．そして当時は数学者全体の数も今日とは比較にならないほど少数であり，数学基礎論に興味をもつ人もきわめて少なかったと思われる．そうしたなかで，さまざまな資料の断片から，ゲーデルのそれぞれの新結果に対して日本人がそれ相応の対応をしていたことがうかがえる．

ゲーデルに限りない敬意を表すると同時に，数学基礎論とその関連分野の黎明期を切り開き，世界に伍する研究を行った日本の先駆者たち，ならびに彼らを支えた幾多の学究の徒にも敬意を表して，ここに筆をおく．

---

28) 1970年以降日本のロジック研究者が増しカバーする分野が広がった．続巻参照．
29) 第I部でしばしば「数学基礎論」という用語を用いてきたが，これは多くの場合集合論や数理論理学を含む広い意味で使用されたものとご理解いただきたい．

参考文献

[Addison 1958] Addison, J., "Some consequences of the axiom of constractibility", *Fund. Math.*, **36** (1958), 337–357.

[秋月 1941] 秋月康夫『輓近代数学の展望』弘文堂 (1941).

[Benacerraf and Putnam 1964] Benacerraf, P. and Putnam, H. (eds.), *Philosophy of Mathemetics, Selected Readings*, Prentice-Hall (1964).

[Blumenthal 1935] Blumenthal, O., "Lebensgeschite", in: *D. Hilbert Gesammelte Abhandlungen, 3* (1935), pp.388–435.

[Bulloff et al. 1969] Bulloff, J. J., et al., *Foundations of Mathematics, Symposium Papers Commemorating the Sixtieth Birthday of Kurt Gödel*, Springer (1969).

[カントル全集] Cantor, G., *Abhandlungen mathemtischen und philosophischen Inhalts*, Georg Olms Verlags Buchhandlung Hildesheim (1966).

[カントル 1979] カントル, 功力金二郎・村田全訳『超限集合論』共立出版 (現代数学の系譜 8) (1979).

[Clote and Takeuti 1986] Clote, P. and Takeuti, G., "Exponential time and bounded arithmetic (extended abstract)", *Structure in Complexity Theory* (Berkeley, Calif., 1986), Lec. Notes in Comput. Sci., Vol. 223, pp.125–143, Springer, Berlin (1986).

[Cohen 1963] Cohen, P. J., The independence of the continuum hypothesis, *Proc. N.A.S.*, **50** (1963), 1143–1148.

[Cohen 1964] Cohen, P. J., The independence of the continuum hypothesis II, *Proc. N.A.S.*, **51** (1964), 105–110.

[コーヘン 1972] コーヘン, 近藤基吉他訳『連続体仮説』東京図書 (1972). 原著：Cohen, P. J., *Set Theory and the Continuum Hypothesis*, W. A. Benjamin, Inc. (1966).

[クロスリー 1977] クロスリー, J. N. 他, 田中尚夫訳『現代数理論理学入門』共立出版 (共立全書 553) (1977). 原著：Crossley, J. N. et al., *What is Mathematical Logic?*, Oxford Univ. Press (1972).

[Dale and Woodin 1987] Dales, H. G. and Woodin, W. H., *An Introduction to Independence for Analysis*, Cambridge Univ. Press (1987).

[Dauben 1990] Dauben, J. W., *Georg Cantor*, Princeton Univ. Press (1990).

[Davis 1958] Davis, M., *Computability and Unsolvability*, McGraw-Hill (1958). リプリント版：Dover (1982). 邦訳：渡辺茂・赤播也訳『計算の理論』岩波書店 (1966).

[Davis 1965] Davis, M. (ed.), *The Undecidable, Basic Papers on Undecidable Propositions, Unsolvable Problems and Computable Functions*, Raven Press (1965).

[Dawson 1991] Dawson, J. W., Jr., "The reception of Gödel's incompleteness theorems", in: Drucker, T. (ed.), *Perspectives on the History of Mathematical Logic*, Birkhäuser (1991), pp.84–100.

[Dawson 1997] Dawson, J. W., Jr., *Logical Dilemmas: The Life and Work of Kurt Gödel*, A K Peters Ltd. (1997).

[Ewald 1996] Ewald, W., *From Kant to Hilbert: a Source Book in the Foundation of Mathematics*, Vol. II, Oxford (1996).

[Feferman 2005] Feferman, S., "The Gödel Editorial Project: A Synopsis", *The Bulletin of Symbolic Logic*, **11** (2005), 132–149.

[Fraenkel 1922] Fraenkel, A., "Zu den Grundlagen der Cantor-Zermeloschen Mengenlehre," *Math. Ann.*, **86** (1922), 230–237.

[藤原 1925] 藤原松三郎「数学最近発展の一瞥見」,『東洋学芸雑誌』**42** (1926), 209–215.

[福山 1980] 福山克『数理論理学』培風館（現代数学レクチャーズ B-6）(1980).

[ゲーデル全集] Feferman, S. *et al.* (eds.), *Kurt Gödel Collected Works, I–V*, Oxford Univ. Press, Vol.I (1986), II (1990), III (1995), IV, V (2003).

[Gödel 1931] Gödel, K., Über formal unentscheidbare Sätze der Principia mathematica und verwandter Systeme I, *Monatshefte für Mathematik und Physik*, **38** (1931), 173–198.

[Gödel 1938] Gödel, K., The consistency of the axiom of choice and of the generalized continuum hypothesis, *Proc. N.A.S.*, **24** (1938), 556–557.

[Gödel 1940] Gödel, K., *The Consistency of the Axiom of Choice and of the Generalized Continuum Hypothesis*, Princeton Univ. Press (1940).「赤い本」.

[ゲーデル 1946] ゲーデル, K., 近藤洋逸訳『数学基礎論、選出公理及び一般連続体仮説の集合論公理との無矛盾性』伊藤書店 (1946).「赤い本」の邦訳.

[ゲーデル 1992] ゲーデル, R. 他、ワインガルトナー, P. ・シュメッテラー, L. 編、前原昭二・本橋信義訳『ゲーデルを語る 1983 年 7 月 10 日–12 日ザルツブルクにて』遊星社 (1992). Weingartner, P. and Schmetterer, L. (ed.), Gödel Remembered, Salzburg 10–12 July 1983, Bibliopolis 1987, の抄訳.

[Gurattan-Guinnes 2000] Gurattan-Guinnes, I., *The Search for Mathematical Roots 1870–1940*, Princeton Univ. Press (2000).

[Hanatani 1975] Hanatani, Y., "Calculability of the primitive recursive functionals of finite type over the natural numbers", in: *Proof Theory Symposion Kiel 1974*, Lec. Notes in Math., Vol.500 (1975), pp.152–163.

[Hartmanis 1989] Hartmanis, J., "The Structural Complexity Column ; Gödel, von Neumann and the P =?NP Problem", *Bulletin of EATCS*, No. 38 (1989), 101–107.

[速水 1935] 速水滉『論理学』岩波書店（改版第 7 刷）(1935).

[林晋 2000] 林晋「公理主義を知っていますか？」,『数学セミナー』2000 年 2 月号, 54–58.

[林 1909] ジョルダン、林鶴一訳『微積分学ノ基礎』大倉書店 (1909).

[Hilbert 1900] Hilbert, D., "Über den Zahlbegriff", *Jahresberichte der Deutschen Mathematiker-Vereinigung*, **8** (1900), 180–194.

[Hilbert 1904] Hilbert, D., "Über die Grundlagen der Logik und der Arithmetik," in: Verhandlungen des Dritten Internationalen Mathematiker-Kongresses in Heidelberg von 8. bis 13. August 1904, Leibzig (1905), 174–185.

[Hilbert 1922] Hilbert, D., "Neubegrundung der Mathematik: Erste Mitteilung", in: *Abhandlungen aus dem Mathematischen Seminar der Hamburgischen Universität*, **1** (1922), 157–177.

[Hilbert 1926] Hilbert, D., "Über das Unendliche", *Math. Ann.*, **95** (1926), 161–190.

[Hilbert and Ackermann 1928] Hilbert, D. and Ackermann, W., *Grundzüge der Theoretischen Logik*, Springer (1928). 邦訳：ヒルベルト，D.・アッケルマン，W., 伊藤誠訳『記号論理学の基礎』(同上書 1949 年版), 大阪教育図書 (1954). これは原書第 3 版の訳. 原書第 6 版 (1972) の石本新・竹尾治一郎による訳 (1974)『記号論理学の基礎 改訂最新版』も同社から出版されている.

[ヒルベルト・中村 1943] ヒルベルト, D., 中村幸四郎訳『幾何学基礎論』弘文堂書房 (1943). 原著：Hilbert, D., *Grundlagen der Geometrie*, 7 Aufl., Berlin (1930).

[Hinata 1967] Hinata, S., "Calculability of primitive recursive functionals of finite type", *Science Report of Tokyo Kyoiku Daigaku, Sec. A*, 9 (1967), 118–235.

[平野 1934] 平野次郎「公理的集合論概要」,『岩波講座 数学』IX 別項 (1934).

[Hirano 1937] Hirano, J., "Einige Bemerkungen zum v. Neumannschen Axiomensystem der Mengenlehre", *Proc. Physico-Mathematical Society of Japan, 3rd. Ser.* 19 (1937), 1027–1045.

[廣瀬・横田 1985] 廣瀬健・横田一正『ゲーデルの世界――完全性定理と不完全性定理』海鳴社 (1985).

[ホフスタッター 1985] ホフスタッター, D. R., 野崎昭弘他訳『ゲーデル, エッシャー, バッハ あるいは不思議の環』白揚社 (1985). 原著：Hofstadter, D. R., *Gödel, Escher, Bach*, Basic Books (1979).

[伊藤 1947] 伊藤清「書評 近藤洋逸訳：ゲーデル 数学基礎論」,『数学』**1**, No. 1 (1947), 47–48.

[Ito 1933/35] Ito, M., "Einige Anwendungen der Theorie des Entscheidungs problems zur Axiomatik", *Tohoku Math. J.*, **37** (1933), 222–235; **40** (1935), 241–251.

[彌永 1935] 彌永昌吉「Jacques Herbrand」,『科学』**5**, No. 9 (1935), 396–398.

[彌永 1983] 彌永昌吉「数学基礎論の問題 I–VI」,『科学』**53–54** (1983–84).

[彌永 2000] 彌永昌吉『数学者の 20 世紀』岩波書店 (2000).

[彌永 2005] 彌永昌吉『若き日の思い出――数学者への道』岩波書店 (2005).

[彌永・佐々木 1986] 彌永昌吉・佐々木力編『現代数学対話』朝倉書店 (1986).

[Jech 1978] Jech, T., *Set Theory*, Springer (1978).

[Jech 2003] Jech, T., *Set Theory*, The third millennium edition, Springer (2003).

[Kanamori 1994] Kanamori, A., *The Higher Infinite*, Springer (1994). 邦訳：カナモリ, A., 渕野昌訳『巨大基数の集合論』シュプリンガー・フェアラーク東京 (1998).

[河田 1993] 河田敬義編『日本の数学 100 年史 付録 1』(1945 年以前の欧文論文目録) 上智大学数学教室 (1993).

[菊池 1882] 菊池大麓『論理略説』同盟舎 (1884).

[Kino 1968] Kino, A., "On provably recursive functions and ordinalrecursive functions", *J. Math. Soc. Japan*, **20**, No. 3 (1968), 456–476.

[Kleene 1952] Kleene, S. C., *Introduction to Metamathematics*, North-Holland (1952). リプリント版：Univ. of Tokyo Press (1969, 1972).

[Kondo 1938] Kondo, M., "Sur l'uniformisation des complementaires analytiques et les ensembles projectifs de la seconde classe", *Japanese J. Math.*, **15** (1938), 197–230.

[近藤 1938] 近藤基吉「解析集合論」,『大阪帝国大学数学講演集 III』岩波書店 (1938).

[近藤 1948–49] 近藤基吉「FUNDAMENTA MATHEMATICAE と現代の集合論, (1)–(4)」,『基礎科学』**2–3** (1948–49), 通算ページ：154–158, 189–194, 226–233, 360–365.

[功力 1933–35] 功力金二郎「抽象空間論 I–IV」,『岩波講座 数学』(1933–35).

[Kunugi 1940] Kunugi, K., "Sur un problème de M. E. Szpilrajn", *Proc. Imp. Acad. Tokyo*, **16**, No. 3 (1940), 73–78.

[Kuratowski 1933] Kuratowski, C., *Topologie I*, Warsaw (1933). 邦訳：クラトウスキー, C., 川端直太郎訳『位相数学』第一巻, 共立出版 (1945).

[Kuroda 1930–31] Kuroda, S., "Zur Algebra der Logik, I, II, III", *Proc. Imp. Acad. Japan*, **6–7** (1930–31).

[黒田 1930–32] 黒田成勝「数学の基礎に関する最近の諸説について 1, 2, 3」,『日本数学物理学会誌』**4**, No. 1 (1930/31), 5–15; No. 2 (1930/31), 174–181; **5**, No. 2 (1931/32) 114–131.

[黒田 1932–33] 黒田成勝「数学基礎論」,『岩波講座 数学』IX 別項 (1932–33).

[黒田 1936] 黒田成勝『集合論』, 輓近高等数学講座 XXI 新修版, 共立社 (1936).

[黒田 1947] 黒田成勝「書評 近藤洋逸訳：ゲーデル 数学基礎論」,『科学』**17**, No. 2 (1947), 59–60.

[Kuroda 1951] Kuroda, S., "Intuitionistische Untersuchungen der formalistischen Logik", *Nagoya Math. J.*, **2** (1951), 35–47.

[Lebesgue 1905] Lebesgue, H., "Sur les functions representables analytiquesment", *J. de Mathematiques Pures et Appliqués*, **6**, No. 1, (1905) 139–216.

[Lusin 1917] Luzin, N. N., "Sur la classification de M. Baire", *Comptes Rendus Acad. Sci., Paris*, **164** (1917), 91–94.

[Maehara 1954] Maehara, S., "Eine Darstellung der intuitionistschen Logik in der klassischen", *Nagoya Math. J.*, **7** (1954), 45–64.

[前原 1973] 前原昭二『数理論理学』培風館 (1973).

[前原 1977] 前原昭二『数学基礎論入門』朝倉書店 (基礎数学シリーズ 26) (1977).

[前原 1991] 前原昭二「第 2 不完全性定理の内容的解釈」,『科学基礎論研究』**20**, No. 3 (1991), 143–147.

[Matiyasevich 1993] Matiyasevich, Y. V., *Hilbert's Tenth Problem*, MIT Press (1993).

[Messchkowski and Nilson 1991] Messchkowski, H. and Nilson, W. (eds.), *Georg Cantor Briefe*, Springer (1991).

[ナーゲル・ニューマン 1968] ナーゲル, E.・ニューマン, J. R., はやしはじめ訳『数学から超数学へ――ゲーデルの証明』白揚社 (1968). 改題改訂版 (1999) あり：『ゲーデルは何を証明したか――数学から超数学へ』. [Nagel and Newman 2001] の初版 (1958) の邦訳.

[Nagel and Newman 2001] Nagel, E. and Newman, J. R. (Edited and with a new foreward by Hofstadter, D.R.), *Gödel's Proof Revised Edition* (2001).

[中山 1948] 中山正『代数系と微分』河出書房 (1948).

[難波 1966] 難波完爾「Measurable cardinals について」,『数学』**18**, No. 3 (1966), 159–173.

[Nanba 1967a] Nanba, K., "Aleph-zero-complete cardinals and transcendency of cardinals", *J. Symbolic Logic*, **32**, No. 4 (1967), 452–472.

[Nanba 1967b] Nanba, K., "On aleph-zero-complete cardinals", *J. Math. Soc. Japan*, **19**, No. 3 (1967), 347–358.

[難波 1975] 難波完爾『集合論』サイエンス社 (サイエンスライブラリ 現代数学への入門 3) (1975).

[日本の数学 100 年史 1983]「日本の数学 100 年史」編集委員会編『日本の数学 100 年史 上』岩波書店 (1983).

[西村 1959] 西村敏男「ゲーデルの定理をめぐって」,『数学』**11**, No. 1 (1959), 1–12.

[西村・難波 1985] 西村敏男・難波完爾『公理論的集合論』共立出版 (共立講座 現代の数学 2) (1985).

[Novikov 1951] Novikov, P. S., "On the consistency of some propositions of descriptive theory of sets", *Trudy Mat. Inst. Steklov.*, **38** (1951), 279–316.

[小野 1938] 小野勝次, "Logishe Untersuchungen über die Grundlagen der Mathematik",『東京帝国大学理学部紀要』, 第一類, 第三冊, 第七編 (1938), 329–389.

[小野 1941] 小野勝次「学界展望, 数学基礎論の問題」,『科学』**11**, No. 12 (1941), 480–482.

[Pasch 1882] Pasch, M., *Vorlesungen über neuere Geometrie*, Leibzig (Teubner), (1882).

[ポアンカレ 1953] ポアンカレ, H., 吉田洋一訳『(改訳) 科学と方法』岩波文庫 (1953). 原著：Poincaré, H., *Science et Méthode* (1908).

[Rogers 1967] Rogers, H. Jr., *Theory of Recursive Functions and Effective Computability*, MacGraw-Hill (1967). リプリント版：MIT Press (1987).

[佐々木 2001] 佐々木力『二十世紀数学思想』みすず書房 (2001).

[Schagrin et al. 1985] Schagrin, M. L. et al., *Logic : A Computer Approach*, McGraw-Hill (1985). 邦訳：シャグリン, M. L. 他, 大矢建正訳『論理とアルゴリズム』マグロウヒル (1986).

[Schröder 1890] Schröder, F., *Vorlesungen über die Algebra der Logik (Exakte Logik)*, Bd. 1, B. G. Teubner (1890). リプリント版 (上記初版の正誤表を本文に組み込むなどした第 2 版) Chelsea Publishing Company (1966).

[Scott 1961] Scott, D., "Measurable cardinals and constructible sets", *Bull. Acad. Polon. Sci. Sér. Sci. Math. Astro. Phys.*, **9** (1961), 521–524.

[正田 1949] 正田建次郎編『現代数学の諸問題』増進堂 (1949).

[赤 1957] 赤攝也『集合論入門』培風館 (新数学シリーズ 1) (1957).

[Shepherdson 1951] Shepherdson, J. R., Inner models for set theory — Part I, *J. of Symbolic Logic*, **16** (1951), 161–190.

[Shoenfield 1967] Shoenfield, J. R., *Mathematical Logic*, Addison-Wesley (1967). リプリント版：A K Peters (2001).

[Sierpinski 1950] Sierpinski, W., "Les ensembles projectifs et analytiques", Paris, Gauthier-Villars, *Mémorial des Sciences Mathématiques* (1950).

[Sinaceur 2000] Sinaceur, H., "Address at the Princeton University Bicentennial Conference on Problems of Mathematics (Dec. 17-19, 1946), by Alfred Tarski", *The Bulletin of Symbolic Logic*, **6** (2000), 1–44.

[白石 1943] 白石早出雄『数と連続の哲学』共立出版 (1943).

[末綱 1944a] 末綱恕一『数学と数学史』弘文堂書房 (1944).

[末綱 1944b] 末綱恕一「有限の立場と極限概念」『科学』**14**, No. 1 (1944), 24–26.

[末綱 1944c] 末綱恕一「数学の基礎」『科学』**14**, No. 10 (1944), 338–343.

[末綱 1952] 末綱恕一『数学の基礎』岩波書店 (1952).

[Suslin 1917] Suslin, M., "Sur une definition des ensembles mesurables B sans nombres transfinis", *Comptes Rendus Acad. Sci. Paris*, **164** (1917), 88–91.

[高木 1898a] 高木貞治『新撰算術』 帝国百科全書 6, 博文館 (1898).

[高木 1898b] 高木貞治『新撰代数学』帝国百科全書 17, 博文館 (1898).

[高木 1904] 高木貞治『新式算術講義』博文館 (1904).

[高木 1931] 高木貞治『数学雑談』続輓近高等数学講座, 共立社 (1931).

[高木 1933] 高木貞治「自然数論について」,『科学』**3**, No. 9 (1933), 378–380.

[高木 1935] 高木貞治「過度期の数学」,『大阪帝国大学数学講演集 I』岩波書店 (1935).

[Takahashi 1967] Takahashi, M., "A proof of cut-elimination theorem in simple type-theory", *J. Math. Soc. Japan*, **19** (1967), 399–410.

[高橋 1999] 高橋昌一郎『ゲーデルの哲学――不完全性定理と神の存在論』講談社（講談社現代新書 1466）(1999).

[高野 1977] 高野道夫「Gödel の primitive recursive functional をめぐって」,『数学』**29**, No. 4 (1977), 289–298.

[高山 1898] 高山樗牛『論理学』帝国百科全書 12, 博文館 (1898).

[Takeuti 1953] Takeuti, G., "On a generalized logic calculus", *Japanese J. Math.*, **23** (1953), 39–96.

[竹内 1956] 竹内外史『数学基礎論』共立出版 (1956). 増補版：[竹内・八杉 1974].

[Takeuti 1961] Takeuti, G., "Remarks on Cantor's absolute", *J. Math. Soc. Japan*, **13** (1961), 197–206; 同 II, *Proc. Japan Acad.*, **37** (1961), 437–439.

[Takeuti 1965] Takeuti, G., "Transcendency of cardinals", *J. Symbolic Logic*, **30** (1965), 1–7.

[Takeuti 1967] Takeuti, G., "Consistency proofs of subsystems of classical analysis", *Ann. Math.*, **86** (1967), 299–348.

[竹内 1971] 竹内外史『現代集合論入門』日本評論社（日評数学選書）(1971). 増補版：[竹内 1989a].

[竹内 1972] 竹内外史『数学基礎論の世界』日本評論社 (1972).

[竹内 1976] 竹内外史『集合とはなにか——はじめて学ぶ人のために』講談社（ブルーバックス B-298）(1976). 新装版：(ブルーバックス B-1332) (2001).

[Takeuti 1978] Takeuti, G., "Gödel numbers of product spaces", in : *Higher Set Theory*, Springer Lec. Notes in Math., Vol.669 (1978), pp.461–471.

[竹内 1978] 竹内外史『層・圏・トポス：現代的集合像を求めて』日本評論社 (1978).

[竹内 1979] 竹内外史『数学から物理学へ』日本評論社 (1978).

[竹内 1980] 竹内外史『直観主義的集合論』紀伊國屋書店 (1980).

[竹内 1986] 竹内外史『ゲーデル』日本評論社 (1986). 新版：(1998).

[竹内 1989a] 竹内外史「日本の数学基礎論・むかしと今」,『数学セミナー』1989 年 3 月号, 32–35.

[竹内 1989b] 竹内外史『現代集合論入門 増補版』日本評論社（日評数学選書）(1989).

[竹内 1995] 竹内外史『証明論と計算量』裳華房 (1995).

[Takeuti 1997] Takeuti, G., "Bounded arithmetic and fundamental problems of complexity of computation", *Mathematical Society of Japan. Sūgaku (Mathematics)*, **49** (1997), 121–143.

[Takeuti 2000] Takeuti, G., "Gödel sentences of bounded arithmetic", *J. Symbolic Logic*, **65** (2000), 1338–1346.

[竹内・八杉 1974] 竹内外史・八杉満利子『数学基礎論 増補版』共立出版 (1974).

[竹内・八杉 1988] 竹内外史・八杉満利子『証明論入門』共立出版 (1988).

[田辺 1925] 田辺元『数理哲学研究』岩波書店 (1925).

[田辺 1934a] 田辺元「数学ト哲学トノ関係」,『岩波講座 数学』IX 別項 (1934).

[田辺 1934b] 田辺元「論述：数学の基礎再吟味」,『科学』**4**, No. 8 (1934), 332–334.

[田中 1977] 田中尚夫「決定性公理に関する最近までの諸結果について——無限ゲームの理論」,『数学』**29** (1977), 53–64.

[田中 1978] 田中尚夫「最近の Recursion Theory について」,『数理解析研究所講究録』**336** (1978), 65–86.

[田中 1982] 田中尚夫『公理的集合論』培風館（現代数学レクチャーズ B-10）(1982).

[田中 2005] 田中尚夫『選択公理と数学 増訂版』遊星社 (2005).

[田中・他 1997] 田中一之他『数学基礎論講義——不完全性定理とその発展』日本評論社 (1997).

[田中一・鈴木 2003] 田中一之・鈴木登志雄『数学のロジックと集合論』培風館 (2003).

[Toda 1991] Toda, S., "PP is as hard as the polynomial-time hierarchy", *SIAM J. Computing*, **20** (1991), 865–877.

[辻 1934] 辻正次『集合論』共立社 (1934).

[Umezawa 1955] Umezawa, T., "Über die Zwischensysteme der Aussagenlogik", *Nagoya Math. J.*, **9** (1955), 181–189.

[Umezawa 1959a] Umezawa, T., "On intermeadiate propositional logics", *J. Symbolic Logic*, **24** (1959), 20–36.

[Umezawa 1959b] Umezawa, T., "On logics intermeadiate between intuitionistic and classical predicate logic", *Ibid.*, 141–153.

[van Dalen and Ebbinghaus 2000] van Dalen, D. and Ebbinghaus, H.-D., "Zermelo and the Skolem Paradox", *Bull. Symbolic Logic*, **6** (2000), 145–161.

[van Heijenoort 1967] van Heijenoort, J., *From Frege to Gödel: a Source Book in Mathematical Logic 1879-1931*, Harvard Univ. Press (1967).

[Von Neumann 1927] Von Neumann, J., "Zur Hilbertschen Beweistheorie", *Math. Zeitschrift*, **26** (1927), 1–46.

[Von Neumann 1929] Von Neumann, J., "Über eine Widerspruchsfreiheitsfrage der axiomatischen Mengenlehre", *Crelle J.*, **160** (1929), 227–241.

[Wang 1987] Wang, H., *Reflections on Kurt Gödel*, MIT Press (1987). 邦訳：ハオ・ワン，土屋俊・戸田山和久訳『ゲーデル再考──人と哲学』産業図書 (1995).

[Whitehead and Russell 1963] Whitehead, A. N. and Russell, B., *Principia Mathematica, To *56*, Cambridge Univ. Press (1963).

[Woodin 2001] Woodin, W. H., "The continuum hypothesis, Part I", *Notices AMS* **48**, No. 6 (2001), 567–576; PartII, *Ibid.*, No. 7, 681–690.

[Yasugi 1963] Yasugi, M., "Intuitionistic analysis and Gödel's interpretation", *J. Math. Soc. Japan*, **15**, No. 2 (1963), 101–112.

[吉田夏 1958] 吉田夏彦『論理学』培風館（新数学シリーズ 10）(1958).

[吉田洋 1925] レーヴィ，吉田洋一訳「数学の危機とその哲学的意義」，『東洋学芸雑誌』**42** (1926), 731–736.

[Zermelo 1908a] Zermelo, E., "Neue Beweis für die Möglichkeit einer Wohlordnung", *Math. Ann.*, **65** (1908), 107–128.

[Zermelo 1908b] Zermelo, E., "Untersuchungen über die Grundlagen der Mengenlehre I", *Math. Ann.*, **65** (1908), 261–281.

II

ゲーデルと哲学

不完全性・分析性・機械論

飯田　隆

ゲーデルが得た数学的結果，なかでも，かれの名前で呼ばれる二つの不完全性定理は，同時代の哲学に大きな影響を与えた．ゲーデルもまた，自身の結果がどのような哲学的帰結をもつかについて明確な考えをもっていた．しかしながら，かれのそうした考えは，公表されないままに終わったり，公表されたとしても，ある限られた聴衆に向けて，ごく婉曲な仕方でしか表現されなかったために，同時代的に進行していた哲学的議論に直接インパクトを与えることはなかった[1]．

　ゲーデル全集の刊行，とりわけ，生前発表されないままに終わった論文と講演を収めた第 III 巻 [Feferman et al. 1995][2] の刊行は，ゲーデルが哲学者としても並々ならぬ存在であったことを改めて認識させるだけでなく，もしもゲーデル自身の考えが，それが抱かれた当時に，同時代の哲学者たちに広く知られていたならばどうだったろうかという反事実的想像をいやでも呼び寄せずにはおかない．以下では，ゲーデルが，それについて明確な考えをもっていたにもかかわらず，介入することのなかった二つの哲学的論争を取り上げる．ひとつは，数学的真理は言語的規約からの帰結であるとする規約主義の是非をめぐるものであり，もうひとつは，人間の心は機械と本質的に異なるという結論がゲーデルの不完全性定理から出てくるという主張をめぐるものである．

　どちらの論争に関しても，ゲーデルの与える観察の正確さは言うまでもないことだが，かれはさらに，そうした観察からひとつの結論を引き出そうとしている．それは，数学的対象や事実がわれわれの数学的営みとは独立に存在するという数学的プラトニズムが正しいという結論である．ゲーデルが数

---

[1]　ゲーデルが生前発表した「哲学論文」のなかでは，"Russell's mathematical logic" (1944) および "What is Cantor's continuum problem" (1947) の 2 篇が，1964 年に刊行されたベナセラフとパトナムの編集になる数学の哲学のアンソロジー [Benacerraf and Putnam 1964] に収録されたことによって，哲学者にも比較的よく知られていたと思われる．しかしながら，この 2 篇の背後に存在する考察と議論の広がりを正しく評価することは困難だったにちがいない．この 2 篇の，それぞれ戸田山和久氏および岡本賢吾氏になる邦訳は，[飯田 1995] に収められている．

[2]　以下，ゲーデル全集への参照は「ゲーデル全集 III」（III は巻数）のような形で行う．なお，頁の参照法について一言説明しておけば，「pp.68f.」は p.68 とそのつぎの頁を指し，「pp.68ff.」は p.68 とそれに続く頁とを指す．

学的プラトニズムを擁護することは，「カントルの連続体問題とは何か」への 1964 年に発表された補足[3]から知られていたが，それがどのような根拠に基づいてなされたことなのか，また，ゲーデルの擁護する数学的プラトニズムのより具体的なあり方については，推測するしかなかった．遺稿の出版は，この点についても大きな光を投げかける．ゲーデルのプラトニズムは，ゲーデルの生前，しばしば哲学的揶揄の対象になっていたが，それがそれほど簡単に却下すべきものでないことは，いまや明らかであると言えよう．数学の哲学にとってのゲーデルの遺稿の重要性は，今後ますます高まるにちがいない．

---

[3] 現在では，ゲーデル全集 II に収められている．

第 1 章

不完全性と分析性

1.1 論理実証主義と不完全性定理

不完全性定理がどのような仕方で公にされたかは，いまではよく知られている事柄である．ドーソンの伝記 [Dawson 1997, pp.68ff.] や，ゲーデル全集に収められているいくつかの注釈によれば，それはだいたいつぎのようであったという．

1930 年の 9 月 5 日から 7 日にかけて，ウィーン学団と密接な連携を保ってきたベルリンの経験哲学協会の主催で，「精密科学の認識論」という学会がケーニヒスベルクで開催された．その初日には数学の基礎をめぐって当時対立していた三つの立場，論理主義，直観主義，形式主義をそれぞれ代表して，カルナップ，ハイティング，フォン・ノイマンの三人が講演を行った[1]．翌日の午後にはゲーデル自身の発表があったが，これはすでに前年学位論文としてまとめられた完全性定理の証明の概要を述べたものであった．しかしなが

---

[1] この三つの講演のテキストは翌年，論理実証主義の機関誌とも言うべき『認識 (*Erkenntnis*)』に掲載された．また，その英訳は，先の註でも触れた数学の哲学のアンソロジー [Benacerraf and Putnam 1964] に収録されている．事前に印刷されたプログラムには予告されていなかったが，さらに第四の立場として，「ウィトゲンシュタインの立場」を代弁する講演がワイスマンによって行われた．この講演のテキストは，他の三つの講演のそれとは対照的に，1982 年になってはじめて活字になった [Grassl 1982]．

ら，ゲーデル全集 III で初めて活字になったこの講演の草稿は，つぎのようなパラグラフで終わっている[2]．

> 最近私が証明したことですが，完全性定理をこのような仕方で〔＝高階の論理にまで〕拡張することは不可能です．つまり，『プリンキピア・マテマティカ』において表現できるにもかかわらず，『プリンキピア・マテマティカ』がもつ論理的手段によっては解決できない数学的問題が存在します．還元公理，無限公理（ちょうど可算個の対象が存在するという形の），さらには選択公理を公理として認めても，このことに変わりはありません．この事実はつぎのようにも表現できます．すなわち，『プリンキピア・マテマティカ』の論理を付け加えたペアノの公理は，統語論的に完全 (entscheidungsdefinit) ではないということです．しかし，こうした点に立ち入ることは，本題からは外れることになるでしょう．

もしも講演が草稿通りに行われたのだとすれば，現在「第一不完全性定理」と呼ばれる結果が，私的な議論のなかでなく，公の場で述べられたのは，この講演が最初だということになろう．

さらに，その翌日，つまり，学会最終日の7日の午後には，その初日に行われた三人の講演をめぐって討論がなされた．翌年の『認識』誌上に掲載された討論の記録[3]によれば，ゲーデルは

> （古典数学が無矛盾であるという仮定のもとでは）内容的に真であるにもかかわらず，古典数学の形式体系のなかでは証明できない命題（しかも，それはゴールドバッハやフェルマの予想と同じタイプの命題です）の実例をあげることさえできます

と発言したという．

---

2) ゲーデル全集 III, p.28．〔　〕は引用者による補足．なお，不完全性定理で問題となっている意味の完全性を表すゲーデルの表現 "entscheidungsdefinit" を「統語論的に完全」と訳するのは，ゲーデル全集での英訳に従ってのことである．
3) *Erkenntnis*, **2** (1931), 147–151．これの英訳は，[Dawson 1984] にある．さらに，ゲーデルの発言は，ゲーデル全集 I に 1931a として収録されている．

これはまさに歴史的発言であるが，それがすぐに大騒ぎを引き起こしたかと言えば，どうやらそうではなかったようである．ドーソンによれば，ゲーデルの発言の重要性を即座に理解したのは，大会の初日に形式主義の立場を代弁したフォン・ノイマンだけだったという．ゲーデルと親しく，学会に先立ってゲーデルの結果を聞いていたはずのカルナップも，また，ゲーデルの指導教官であったハーンも，ゲーデルの新しい結果が何をもたらすかを十分には把握できなかったようにみえる．

　このことは，もちろん，フォン・ノイマンの伝説的な頭脳のあずかるところが大きいのだろうが，たぶん，それだけではない．当時のフォン・ノイマンは，形式主義の立場に立ち，その具体化であるヒルベルトのプログラムを精力的に推進していた．ゲーデルの不完全性定理が現れる直前の一時期，ヒルベルトのプログラムは，数学の基礎付けという哲学的問題を，古典数学の形式化された体系の無矛盾性の証明という数学的課題に転換することに成功したかのようにみえた．形式的証明についてゲーデルが述べた結果は，この展望をあやうくするとみえただろう．それにフォン・ノイマンが興味を示したのは当然だろう．だが，ゲーデルのアイデアを聞いただけでフォン・ノイマンが，形式体系内での無矛盾性証明の不可能性を示す第二不完全性定理に到達したというのは，やはり尋常ではない．この結果を告げるフォン・ノイマンからの手紙がゲーデルの手元に届くのよりも一カ月も前（1930年10月23日）に，第一と第二の両方の不完全性定理を含むアブストラクトが学会誌に受理されていたのは，ゲーデルにとってさいわいだったといえよう．

　第二不完全性定理は，ヒルベルトのプログラムが遂行不可能であることを明瞭に示した．これが言い過ぎならば，こう言おう——当初考えられていたような仕方でヒルベルトのプログラムを遂行することは不可能であることを明瞭に示した，と．よって，ゲーデルの不完全性定理の衝撃ということが語られるとき，ヒルベルトのプログラムが必ず引き合いに出されるのももっともである．

　しかし，フォン・ノイマンのような数学者ではなく，哲学者にとって，ゲーデルの二つの不完全性定理は何を意味するものとして受け止められたのだろうか．とりわけ，ゲーデルがそのサークルの一員だとみなされていたウィー

第1章　不完全性と分析性　　117

ン学団の哲学者，あるいは，もっと広く論理実証主義の哲学者にとって，不完全性定理は何を意味したのだろうか．

論理実証主義は一般に考えられているほど一枚岩であるわけではなく，個人によっても，また，時期によっても，さまざまな違いが存在する．しかし，その中核的イメージを形作っているのは，すべての有意味な命題は，感覚的経験によって検証可能な経験的命題であるか，さもなければ，言葉の意味のみによって真である分析的命題であり，この二つの種類の命題以外のものは，無意味な命題もどきにすぎないという主張だろう．ゲーデルの結果が関係するのは，このうちの分析的命題に関する部分である．

分析的命題のなかには，論理的真理を表現する命題だけでなく，数学を構成する命題のすべてが含まれる．数学的真理は，カントがそう考えたような綜合的でア・プリオリな真理なのではなく，分析的真理であり，それは結局，われわれが，ある言葉をある仕方で使うと決めたことから結果する真理にすぎない．言葉の使い方を定めた規約が，定義である．したがって，「分析的真理」は「定義による真理」とも言い換えられる．ただし，論理実証主義者たちが「定義」と言うとき，それは「三角形とは三本の直線によって囲まれた図形である」といった明示的定義だけを意味するのではない．かれらは，ポアンカレや『幾何学基礎論』(1899) の時代のヒルベルトにならって，定義の概念をきわめて拡張された仕方で用いた．すなわち，この拡張された定義の概念のもとでは，点や直線といった「未定義概念」もまた，それについて何が成り立つかを規定する公理によって定義されるとみなされる．定義のこのように拡張された解釈なしでは，ピタゴラスの定理のような命題がなぜ定義による真理になるのかはわからない．幾何学の公理は全体としてそこに現れる概念の定義を与えるものであるから，ピタゴラスの定理は，公理系という形を取った定義からの帰結として，定義によって真なのである．

そうすると，ゲーデルの不完全性定理，とくに第一不完全性定理が，こうした教説に影響を与えないということは考えられない．この定理によれば，初等的な算術を含むような数学の公理系には，証明できないにもかかわらず真である命題が必ず存在する．こうした命題もまた「定義によって真である」と言い張ることは，はたして可能だろうか．先にも述べたように，数学が定

義によって真であるという意味での分析的真理であるという主張は，論理実証主義の要のひとつである．不完全性定理は，これを論駁するものではないだろうか．

　論理実証主義の立場の要のもうひとつは，論理や数学に属する命題以外の有意味な命題はすべて検証可能であるという検証主義のテーゼであった．この主張に関して論理実証主義者のあいだで盛んな議論がなされ，多くの改訂が施された結果，検証主義のテーゼは捨てられたとまで言わなくとも，ごく弱められた形でのみ生き延びえたということは，論理実証主義に関してもっともよく知られている事実のひとつである．それと比較するとき，数学的真理の分析性という主張の方は，あまり深刻な議論を引き起こすこともなく大方の論理実証主義者から支持され続けたという印象がある．たとえば，論理実証主義の立場を一般に広めるのにもっとも大きな役割を果たしたエイヤーの『言語・真理・論理』[Ayer 1936] の「ア・プリオリ」と題された章は，論理的真理と数学的真理について論じている章であるが，ゲーデルにも不完全性定理にも触れることはない．そこで数学的真理について言われていることは，こうである．

> 〔数学の命題〕は，特殊な用語を含む命題として，分析的命題の特殊なクラスを形作るが，それだからと言って少しでも分析的でなくなるわけではない．なぜならば，分析的命題であることの基準とは，その妥当性が，そこに含まれる用語の定義だけから帰結することにあり，純粋数学の命題はこの条件を満足するからである．[Benacerraf and Putnam 1964, p.324]

　もうひとつの興味深い例は，「数学的真理の本性について」と題されたヘンペルの論文 [Hempel 1945] である．これは，1945 年の『アメリカ数学会月報』に掲載されたことからもわかるように，哲学者に向けてというよりも，一般の数学者に向けて書かれたものである．ヘンペルはまず，数学的真理とは自明な真理であるという見方と，数学的真理はもっとも一般的に成り立つ経験的真理であるという見方の両方を斥ける．この二つの見方の代わりにかれが支持する見方は，数学的命題は，その妥当性が，数学的概念の意味を規

定する取り決めに由来するという意味で「定義によって真である」命題であるという見方である．この論文の大部分は，数学的命題がどのような意味で「定義によって真である」かを説明することに宛てられている．そこには現在の目から見て奇妙なところがいくつかある——たとえば，ペアノの五つの公理と付加的な定義から実数論が導出できるといった主張——が，とりわけ奇妙に思われるのは，ゲーデルの不完全性定理への言及を含むひとつの註である（ゲーデルへの言及があるのは，ここだけである）．そのなかでヘンペルはつぎのように書いている [Benacerraf and Putnam 1964, p.384].

> この事実〔＝無矛盾であって，算術の言語によって定式化可能な真である命題のすべてを帰結としてもつような公理体系を構成することはできないという事実〕は，本文で述べた結果，すなわち，ペアノの公理といくつかの非原始的概念の定義とから，算術，代数，解析の古典的理論を構成する命題の全体を導出することができるということに影響を与えない．数学の命題ということで私が意味しているのは，古典的理論を構成するこれらの命題のことである．

「算術，代数，解析の古典的理論」とは何のことだろうか．その境界はどのように引かれるのだろうか．「算術の言語によって定式化可能である真である命題」のうちのどれが「古典的理論」に属し，どれがそれに属さないのだろうか．その基準はどのように与えられるのだろうか．いずれの問いについても，はかばかしい答えは得られそうにない．

　数学が定義によって真であるという主張を行う際，エイヤーは，ゲーデルの結果に触れる必要をまったく感じていない．同様な主張を行うヘンペルは，少なくともそれに触れてはいる．だが，ゲーデルの結果は，数学的命題の分析性という主張に何ら影響を与えるものではないとヘンペルが言うとき，かれもまた不完全性定理の意味するところを十分には理解していないのではないかと疑われても仕方がない．

　しかしながら，論理実証主義者のすべてが不完全性定理をまともに受け止められなかったわけではない．かれらのなかには，フォン・ノイマンのような

ヒルベルト学派の数学者たちほど迅速ではなかったとしても，ゲーデルの結果と真剣に取り組むことから新たな哲学的立場に到達した哲学者もいた．カルナップがそうである．

1.2　『言語の論理的構文論』における分析性と不完全性

20世紀の主要な哲学的著作のなかで，ゲーデルによる不完全性定理の証明の直接の影響が現れた最初のものは，カルナップの『言語の論理的構文論』である [Carnap 1934][4]．この書物は，同じ著者による『世界の論理的構築』[Carnap 1928] と並んで，全盛期の論理実証主義を代表する書物であるが，そのテクニカルな細部のためか，名前こそ知られていても実際に読まれることは少ないのではないだろうか．どちらの書物に関しても，いくつかの誤解が現在に至るまで広く流布しているのは，そのためだろう．たとえば，哲学とは科学言語の構文論（シンタックス）であるという『言語の論理的構文論』のなかのキャッチフレーズは，まさに構文論だけでは十分でないことをゲーデルの結果が示したという事実によって最初から反駁されているのだと言われることさえ稀ではない．これはまったくの誤解である．『カントからカルナップまでの意味論的伝統』の著者コッファが言うように，『言語の論理的構文論』でカルナップが取り組んでいる問題とその解決の両方にとって，ゲーデルの結果は決定的な役割を果たしている．それは，ゲーデルの結果に無知なままに書かれた書物などではなく，むしろ，当時望みうる限りの十分な理解に基づいて書かれた書物である [Coffa 1991, p.286][5]．だが，このことは，後に

---

4)　1937年に英訳が *The Logical Syntax of Language* として出版されたが，その際，もともとのドイツ語版ではスペースの関係で削除され，独立の論文として別個に発表された部分が新たに組み込まれるなど，重要な改訂が施された．とりわけ，不完全性定理との関係で重要な部分（英語版の §34a–i および §60a–d, §71a–d）は，ドイツ語版にはなく，"Ein Gültigkeitskriterium für die Sätze der klassischen Mathematik" (1935) ならびに，"Die Antinomien und die Unvollständigkeit der Mathematik" (1934) として発表されたものである．以下で，『言語の論理的構文論』への参照は英語版に従い，これを「*LSL*」と略記する．
5)　『言語の論理的構文論』の序文にも述べられているように，ゲーデルはカルナップの草稿 (1932) を実際に読んで多くの助言を与えている．また，意外かもしれないが，「不動

見るように，ここでカルナップが到達した立場が，ゲーデルの結果に基づく批判から守られているということを意味するわけではない．

さて，『言語の論理的構文論』の成立の事情についてカルナップは後年つぎのように書いている [Carnap 1963, p.53]．

> 先にも述べたように，サークル〔＝ウィーン学団〕のメンバーは，ウィトゲンシュタインとは違って，言語について，とりわけ，言語表現の構造について語ることは可能であるという結論に達した．この見方から，言語表現の構造についての純粋に分析的な理論としての，言語の論理的構文論というアイデアが生れた．こう考えるにあたって私は主に，ヒルベルトとタルスキのメタ数学的探究から影響を受けた．私はこうした問題についてゲーデルとしばしば話をした．1930年の8月にかれは，記号や表現に数を対応させる新しい方法を私に説明してくれた．こうして，表現形式の理論は算術の概念を用いて定式化できる．かれはこの算術化の方法によって，算術の形式体系はどれも不完全であり完全にすることはできないことを証明したと私に教えてくれた．この結果をかれは1931年に発表したが，それは数学基礎論の発展における転回点となった．
>
> こうした問題を数年間にわたって考えたあと，1931年の1月，病気で眠れないでいたある夜，言語構造の理論の全体とその哲学における可能な応用の両方が，幻のように私に現れた．翌日，まだ熱があってベッドのなかだったが，私は自分のアイデアを「メタ論理試論」という標題のもとで44頁にわたって書き付けた．速記で書かれたこのメモが，私の本『言語の論理的構文論』の最初の形である．

この記述で注目に値するのは，ゲーデルから教わったこととしてカルナップが最初に挙げているのが，メタ数学の算術化であって，不完全性定理その

点定理 (fixed-point lemma)」と現在呼ばれる不完全性定理の一般化は，カルナップに由来する．1934年の春にプリンストンで行われた講演の草稿への註のなかで，ゲーデルはこの点に言及している（ゲーデル全集 I, p.363, note 23.）．

ものではないことである．このことは，ここで述べられているもうひとつの事柄，すなわち，論理的構文論というアイデアが，言語について語ることは不可能であるという，ウィトゲンシュタインの『論理哲学論考』（以下『論考』と略する）の教説に対抗するものとして生れたということと密接に関係している．

『論考』は，論理実証主義者たちにとってのバイブルであったが，その「結論」——「語りえないことについては沈黙せねばならない」——に代表される思考傾向だけは，かれらにとって受け入れがたいものであった．『論考』によれば多くのものが語りえないのだが，言語の構造，および，言語と世界との関係もまた，語りえないもののなかに含まれる．ウィトゲンシュタインがそのように考えた原因は，言語を可能にする条件は言語によって表現することはできないという，この時期のかれに特徴的な思考法にある．言語を可能としている規則の体系をウィトゲンシュタインは「論理的構文論」と呼んだ．

カルナップの「論理的構文論」という名称が，ウィトゲンシュタインにならったものであることは疑いの余地がない．名称だけでなく，『論考』3.33 に述べられているつぎのような考え方からも，カルナップは大きな影響を受けている．

> 論理的構文論においては，断じて記号の意味が役割を果たすようなことがあってはならない．論理的構文論は記号の**意味**を論じることなく立てられねばならず，そこではただ諸表現を記述することだけが前提にされうる．［ウィトゲンシュタイン 2003, p.34］[6]

だが，ウィトゲンシュタインの論理的構文論は，示されうるが語りえないもののひとつである．『論考』のこうした隘路から脱出することが，カルナップとそのまわりの論理実証主義者にとっての課題であった．カルナップがまず暫定的に到達したのは，言語についての理論を，書字のパターンの幾何学として構成するというアイデアであったという［Carnap 1963, p.29］．言語的記号の形式だけによって言語を記述しようとするカルナップの論理的構文論

---

6) 強調はウィトゲンシュタインによる．

の立場は，このアイデアの延長線上にある．そして，カルナップの立場は表面上，『論考』3.33 を実現したようにも見えなくはない．

ゲーデルの算術化の方法がカルナップにとって重要だったのは，それが，言語について言語のなかで語ることはできないという『論考』の主張を論駁するものと思われたからである．『言語の論理的構文論』から引用しよう．これは「構文論の算術化」と題された節の直前の節からである．

> これまでのところ，われわれは，対象言語と，その構文論を定式化するための構文論言語とを区別してきた．この二つは必ず異なる言語でなければならないだろうか．もしもこの問いに肯定的に答える（メタ数学に関連してエルブランがそう答えたように）ならば，構文論言語の構文論を定式化するためには第三の言語が必要となり，以下同様であろう．もう一方の見方（ウィトゲンシュタインの見方）によれば，ただひとつの言語だけが存在し，構文論とわれわれが呼ぶものはけっして表現されえない——それはただ「示され」うるのみである．このどちらの見方とも違って，実際には単一の言語だけで十分であることをわれわれは示そうと思う．ただし，それは，構文論を断念することによってではなく，どのような矛盾も引き起こすことなく，言語の構文論をその言語自身のなかで表現できることを証明することによってである．[7]

算術化の方法が実際に『論考』への反駁になっているかどうかはおおいに怪しい[8]が，それは少なくとも心理的には，カルナップにとって，言語につい

---

7) *LSL*, p.53. 1931 年の 6 月にカルナップはウィーン学団の会合で三回にわたって「メタ論理学 (Metalogik)」という標題の講演を行い，メタ論理的な文も含めて，すべての文は単一の言語に属するという点を強調したという．『言語の論理的構文論』においてもカルナップが，対象言語，メタ言語，メタ言語のメタ言語，…といった言語の階層を忌避し，可能な限り単一の言語のなかにとどまろうとしていることについては，[Oberdan 1992] を参照されたい．

8) 『論考』に従えば，意味をひきはがされた言語というものは，もはや言語ではない．表現の意味は，いわば外側から付与されるものではなく，それが言語のなかで用いられるその仕方以外のものではない．よって，『論考』の言語観を根本から否定するのでなくては，カルナップのように記号を純粋なパターンとして捉えることはできない．[Friedman 1999, pp.194f.] を参照．

て語るという禁忌を乗り越えるための大きな助けになったと思われる．そして，禁忌から逃れることに成功したカルナップが取り組んだのは，論理学や数学の命題は分析的であるという主張を厳密な仕方で定式化するという課題である．この課題の実現の可能性にとって重要な意味をもってくるのは，算術化の方法ではなく，二つの不完全性定理の方である．

　論理学と数学の命題が分析的であるという主張は，『言語の論理的構文論』においては，より大きな哲学的プログラムのなかに位置づけられている．カルナップの哲学の際立った特徴は，哲学的論争に対するかれの態度にある．かれによれば，実在論対観念論，唯名論対実念論，唯物論対唯心論といった伝統的な哲学的論争で争われているのは，どのような哲学的言語を選択するかということであって，実質的な事柄に関するものではない．『世界の論理的構築』はしばしば，現象主義を厳密な仕方で擁護する（失敗に終わった）試みとして読まれてきたが，最近の解釈に従えばそれは正しい読み方ではない[9]．カルナップ自身も述べているように，その意図は，現象主義の言語と物理主義の言語のどちらによっても世界の構成は可能であると示すことにある．そうすることによってカルナップは，現象主義か唯物論かという伝統的な論争を，言語の選択という方法論的問題に置き換えようとしたのである [Carnap 1963, p.18]．『言語の論理的構文論』で問題となっているのは，数学の基礎をめぐる対立，とりわけ，直観主義対古典数学という対立である．哲学における伝統的論争の場合と同様，この対立もまた，言語の選択のちがいでしかないことを示そうというのが，カルナップのここでのプログラムである．

　言語の選択ということに関して，カルナップは有名な「寛容の原則 (Principle of Tolerance)」を提唱する．『言語の論理的構文論』のなかでそれは「われわれの務めは，禁止することにではなく，規約に到達することにある」という形で定式化されている[10]が，その含みはつぎの一節からの方がもっと明瞭だろう．

---

[9] [Friedman 1999] の Part II に収められている諸論文，および，[Richardson 1998] を参照されたい．
[10] *LSL*, p.51. ここの「規約 (convention)」は「協定」と訳した方が意味が通じやすいかもしれない．

論理は道徳と無縁である．だれもが好きなように，自身の論理，すなわち，自身の言語を作ってかまわない．必要とされることはただ，それについて論じたいのならば，自身の方法を明瞭に述べ，哲学的議論の代わりに構文論的規則を示さねばならないということだけである．[11]

どのような論理的・数学的真理を認めるかは，どのような言語を選択するかによって決定される．言語を特定することによって，論理的・数学的真理もまた特定される．言語は，形成規則 (formation rules) と変形規則 (transformation rules) という二種類の規則によって特定される．前者は，現在言われる意味での文法規則に対応し，その言語の語彙からどのように文が構成されるかを規定する規則である．それに対して，後者は，数学を含む広い意味での論理を決定する規則である．

『言語の論理的構文論』の前半でカルナップは，言語 I と言語 II という二つの言語を具体的に構成している．前者は，有限主義の観点を反映することを意図して作られた言語であり，後者は，解析と集合論を含む古典数学の全体を包括することを意図して作られた言語である．寛容の原則に従えば，どちらの言語が「正しい」言語であるかという問いに意味はない．われわれの目的にとってどちらの方が便利かという実用上の問題があるだけである．

どちらの言語に関しても，カルナップは変形規則として，形式的証明におけるような有限的な規則——「導出規則 (rule of derivation)」と呼ばれる種類の規則——を置くが，それだけではなく，それとは異なる種類の規則をも認める．この異なる種類の規則は「帰結規則 (rule of consequence)」と呼ばれ，有限的である必要はない．こうした種類の規則を言語の構文論的規則のなかに含めることこそ，ゲーデルの不完全性定理へのカルナップの応答にほかならない．言語 I と言語 II のどちらについても完全性は成り立たない．つまり，その言語の文でありながら，証明も反証もできない文が存在する．言語 I を完全なものにするためにカルナップは，現在一般に「ω 規則」と呼ばれる非有限的規則を，帰結規則として導入している．他方，言語 II に関して

---

11) *LSL*, p.52.

は，ちょうど同時期にタルスキが構成していた真理定義の構文論ヴァージョンといった仕方で，そこでの帰結関係を規定する一連の規則が提示されている[12]．

　こうしたことすべてにおいてカルナップが示している創意と工夫には驚嘆すべきものがある．だが，非有限的な仕方でしか規定できないような帰結関係に訴えるということは，論理的および数学的真理が分析的真理であるという主張の意味を大きく変えることにならないだろうか．言語Ⅰと言語Ⅱのどちらにおいても，分析的真理は，導出関係によってではなく，帰結関係によって定義される．言語Ⅰの場合，分析的な文とは，文の空である集合から帰結する——文の任意の集まりから帰結することと同値である——文として定義される[13]．だが，帰結関係を規定する帰結規則は一般に有限的ではない．こうした関係に分析的真理が基づくとすることは，論理実証主義者が『論考』のなかに読み取った考え，すなわち，論理的真理および数学的真理は，言語的枠組みに由来する真理であり，それが真であることを知るためには，その言語を理解しているだけで十分であるという考えの枠内にまだあると，はたして言えるだろうか．

1.3　ゲーデルの規約主義批判

　『言語の論理的構文論』は，論理実証主義の盛期を代表する書物ではあるが，カルナップ自身にとっては，過渡期の作品である．タルスキ，そして，ゲーデルとの会話を通じてカルナップは，構文論だけが言語について語る手段ではないと考えるようになった．こうした過程において決定的な役割を果たしたのは，真理概念についてのタルスキの仕事であった．1939年の小冊子『論理と数学の基礎』以後，『意味論入門』(1942)，『論理の形式化』(1943)，『意味と必然性』(1947，第二版 1956) と続く意味論的著作は，帰納論理に関す

---

[12]　『言語の論理的構文論』とタルスキとの関係については，[Coffa 1991, Ch.16] の "Syntax and truth" を参照されたい．
[13]　*LSL*, p.39.

る一連の著作と並んで，アメリカに移住してからのカルナップの仕事の中心を形作る．また，現在に至るまでの形式意味論の発展への影響にもあなどれないものがある．

こうした意味論的著作において，当然のことながら，分析的真理の概念は構文論的にではなく意味論的に規定される．『言語の論理的構文論』ではきわめてまわりくどい仕方で構文論の領域にとどめられていた帰結関係は，タルスキにならって意味論的関係とされたことで，ずっと簡明なものとなった．『言語の論理的構文論』のときと同様，分析的な文は，任意の文から帰結する文として定義できるが，ここで用いられている帰結関係は，言語の意味論的規則によって規定されるものであり，この意味論的規則とは，基本的には，タルスキ流の真理定義の構成要素であるとみなすことができる．

カルナップにおいて，論理と数学が，言語的枠組みに由来するという意味での分析的真理から成るという主張もまた，構文論から意味論への移行によって影響されることはなかった．この主張こそ，生前未発表のままに終わったゲーデルの論文「数学は言語の構文論か？」の標的である．

分析性が意味論的に定義されようとも，最低限の数学を展開できるような言語に関して，そこにおける分析性が，その言語のなかで定義できないことに変わりはない．そのためには，より強力なメタ言語が必要であり，このメタ言語はすでに必要なだけの数学を展開できるような言語でなくてはならない．だが，それならば，このメタ言語における数学的真理の由来はどのようにして説明されるのだろうか．

この当然の疑問は実は，さらに基本的な問いの前に影をひそめる定めにあった．1940年代から20年間ほどにわたる期間，分析性をめぐって争点となったのは，この点ではなく，そもそも「分析的‒綜合的」という区別を設けることは正当かという問いだったからである．この区別の正当性をもっとも強く疑問視したのはクワインであり，かれの有名な「経験主義のふたつのドグマ」(1951)は，論理実証主義の終焉を告げると同時に，20世紀後半におけるアメリカ哲学の隆盛の開始を意味する論文である．

ゲーデルの遺稿「数学は言語の構文論か？」は，分析性概念の合法性をめぐる論争が戦わされていたさなかの1950年代に書かれたものである．それが書

かれることになったきっかけは，すでに何度か引用したカルナップの「知的自伝」がその一部を構成する『カルナップの哲学』への寄稿を求められたことにある．これは，『生ける哲学者たち』という叢書の一巻であり，先立って刊行された同じ叢書の『ラッセルの哲学』(1944) および『アインシュタインの哲学』(1949) にゲーデルはそれぞれ「ラッセルの数理論理学」および「相対論と観念論哲学の関係について」を寄稿している．しかし，『カルナップの哲学』に関しては，寄稿を受諾した 1953 年から，最終的に寄稿を断念した 1959 年までのあいだに書かれた六通りのヴァージョンが，遺稿として残されるだけとなった．この六通りのヴァージョンのうちゲーデル全集には長短二つのヴァージョンが収められているが，長い方のそれの最初のパラグラフはこうである[14]．

> 1930 年頃，主にウィトゲンシュタインの影響のもとに，R・カルナップ，H・ハーン，M・シュリックは，唯名論と規約主義の組み合わせとして特徴づけられうる数学観を展開した．その先駆には，暗黙の定義についてのシュリックの説があった．ハーンとシュリックによれば，この観点が目指すのは，厳格な経験論と数学のア・プリオリな確実性とを調停することにある．この観点（それを以下で私は構文論的観点と呼ぶ）に従えば，数学は言語の構文論に完全に還元可能である（実際のところ，それ以外の何物でもない）．すなわち，数学の定理の妥当性は，記号の用法についての何らかの構文論的規約からの帰結であることに尽きるのであって，何らかの事物領域における事態を記述することにあるのではない．あるいは，カルナップの言い方では，**数学とは，内容も対象ももたない補助的な文の体系である**ということになる．

さらに，短い方のヴァージョンを参照すると，構文論的数学観はつぎの三つの主張に要約されるとゲーデルが考えていたことがわかる[15]．(i) 数学的直観なるものは，記号の用法に関する規約で置き換えられる．(ii) 数学的命

---

14) ゲーデル全集 III, pp.334f. 強調はゲーデルによる．
15) ゲーデル全集 III, p.356.

題は記号使用についての規約からの帰結にすぎないから，どのような経験とも両立するという意味で内容をもたない．(iii) 数学を規約の体系とみなすことによって，数学のア・プリオリな妥当性は，経験論にとってもはや問題でなくなる．

これらすべてに対してゲーデルは周到で詳細な反論を展開しているが，とりわけ興味深いのは (i) に対する反論である．――数学が記号の用法に関する規約の体系にすぎないのならば，特定の規約の採用が事実的な命題の真偽に影響しないことが保証されていなければならない．とりわけ，規約の体系が無矛盾であることが保証されていなければならない．なぜならば，矛盾する体系からは，事実命題も含めてすべての命題が帰結するからである．しかしながら，この規約の体系が最低限の数学を含んでいるならば，第二不完全性定理が示したように，その無矛盾性は体系内部では証明できない．そのためには，記号に関する組み合わせ論的な性質を超えた抽象的概念が必要になる．「問題ある概念〔＝「無限集合」や「関数」といった抽象的概念〕を構文論的に解釈することによって，その正当化をはかるというのが，構文論的数学観の中心目標であったのに，まさにその反対に，構文論的規則を（容認できるもの，あるいは，無矛盾なものとして）正当化するためには抽象的概念が必須であることがわかったのである」[16]．

「数学は言語の構文論か?」の解説をゲーデル全集で担当しているゴールドファーブが指摘している[17]ように，この反論でゲーデルは，経験的な事実命題の領域がまず存在し，数学は構文論的規則の体系としてそれに付加されると考えている．こうした描像のもとにとどまる限り，ゲーデルの反論はきわめて強力なものである．構文論的規則を追加した結果は，事実命題全体に対して保存的拡大 (conservative extension) になっていなければならないだけでなく，そのことが示されなければならないというのが，ゲーデルの要請であり，それを満たすためには，有限的な構文論的規則の範囲を越えざるをえないからである．

だが，もしもカルナップがこうした描像を共有していなかったとしたらど

---

16) ゲーデル全集 III, pp.339ff., 357f.
17) ゲーデル全集 III, pp.327f.

うだろうか．カルナップがどのように答えたかは今となってはわからないが，ゴールドファーブによれば[18]，ゲーデルのこの反論は，ハーンやシュリック（また，初期のカルナップ）には適用できても，少なくとも『言語の論理的構文論』におけるカルナップには適用できないという．たしかに，どのような言語的枠組みとも独立に与えられている「事実」や「経験的世界」といった考えは，カルナップの取るところではない．かれにとって，「規約‒事実」，「分析的‒綜合的」という区別は，言語と相対的なものでしかない．この観点がもっとも明瞭に現れているのは，『言語の論理的構文論』51 節における L 規則（論理的規則）と P 規則（物理的規則）の区別に関する議論である．L 規則と P 規則の範囲をどう取るかは，論理的哲学的問題ではなく規約の問題であると，そこでははっきりと言われている[19]．つまり，カルナップによれば，言語的規約の導入に先立って存在する事実命題の領域などというものは存在せず，したがって，言語全体がそれに対して保存的拡大となっていなければならない事実的中核といったものも存在しない．たしかに，構文論的規則が矛盾を結果するようなことがあっては困るとは言えるだろう．しかし，事実と規約の区別そのものが規約的であるという，このラディカルな規約主義にとって，矛盾を含む規則と無矛盾な規則のどちらを選ぶべきかは実用上の問題であって，理論的な問題ではない．

　カルナップに対する反論として有効なのは，第二不完全性定理に基づく反論ではなく，むしろ第一不完全性定理に基づくものだろう．こうした議論は，つぎのような箇所から読み取ることができる[20]．

> 構文論が，数学的直観，あるいは，数学的対象や事実に関する仮定の代わりをすべきであるのならば，数学的直観やその性質に関する仮定なしには了解可能でも使用可能でもないような，「抽象的な」もしくは「超限的な」数学的概念は，記号の有限的組み合わせに関する考慮に基づいて使用されるべきである．もしも，そうではなく，構文論的規則を定式化する際に，この同じ抽象的もし

---

18) [Goldfarb and Ricketts 1992] をも参照．
19) *LSL*, p.180. また，[飯田 1989, pp.225–229] をも参照．
20) ゲーデル全集 III, pp.341f.

くは超限的な概念が用いられるようなことがあれば，プログラム全体の意味が変わってしまい，それはむしろ正反対なものとなってしまう．非有限的な数学用語の意味を構文論的規則によって解明する代わりに，非有限的な用語が構文論的規則を定式化するために用いられることになる．そして，構文論的規則に還元することによって数学的公理を正当化することの代わりに，こうした公理（もしくは，少なくともその一部）は，構文論的規則を（無矛盾なものとして）正当化するために必要となるのである．

数学の全体を構文論的規則に置き換えることができるためには，数学的真理の全体が構文論的規則の体系から帰結するのでなくてはならない．しかし，第一不完全性定理により，この「帰結する」は，何らかの形式的体系のなかでの導出可能性と同一視することは不可能である．それは，意味論的帰結関係として解釈されるしかない．だが，この関係は，ゲーデルの言う「抽象的な」もしくは「超限的な」概念を用いることによってのみ特徴づけられうる．つまり，数学を構文論的規則によって置き換えるためには数学が必要なのであるから，数学の全体を構文論的規則によって置き換えることは不可能なのである．

この議論は，規約主義への反論として名高いクワインの議論を想起させる[21]．論理を規約によって説明するためには論理が必要だというのが，その骨子である[22]．クワインのこの議論は 1936 年に発表された論文のなかにあるが，次章で取り上げるゲーデルのギブズ講演——その一部は規約主義に対する批判である——が行われた三カ月前に発表された「経験主義のふたつのドグマ」では，この議論は表面には現れず，むしろ，「分析的」という概念の合法性が問題とされている．そして，『ことばと対象』(1960) 以降の著作では，さらに進んで，意味の概念までもが批判の対象になることは，20 世紀の哲学についていくらかでも齧った者にとっては常識に属する事柄だろう．

ゲーデルは，分析性の概念そのものが問題であるとは考えていない．論理

---

[21] ゲーデルとクワインの比較，とりわけ，分析性の概念についての両者の態度の相違については，[Parsons 1995b] を参照．
[22] 詳細については，拙著 [飯田 1989, 2.3 節] を参照されたい．

実証主義者とゲーデルとのあいだの争点は，むしろ，分析性の概念をどう捉えるかにある．ゲーデルにとっても，分析的真理とは語の意味による真理である．だが，かれにとって，語の意味は，記号の使用についての人為的規約によって生じるものではない．語の意味とは概念であり，概念はわれわれとは独立に存在する．ギブズ講演のなかでゲーデルはつぎのように言う[23]．

> 数学的命題が，時間と空間のなかに存在する物理的・心理的実在について何も述べないということが正しいのは，現実的な物から成る世界がどうあろうとかかわりなく，それがそこに現れる語の意味によって真だからである．しかし，語の意味（すなわち，語が指す概念）が人為的なものであるとか意味論的規約に尽きるという主張はまちがっている．これらの概念は，それ自体でひとつの客観的実在をなしており，われわれによって作られたり変化させられたりするものではなく，われわれにはただ知覚したり記述したりしかできないものである．

ゲーデルのこうした「概念的プラトニズム」，および，それに基づく分析的真理の捉え方は，フレーゲの考え方にずっと近い．フレーゲは，分析的真理が大きな認識的価値をもちうると考えた点で，カント以来の伝統から離れたが，『論考』に従って分析的真理をトートロジーとみなした論理実証主義者はかえってカント的伝統に舞い戻った．ゲーデルの哲学とフレーゲのそれとのあいだにはさまざまな違いがある[24]が，少なくとも分析的真理の捉え方に関しては，ゲーデルはフレーゲの後継者であると言えよう．

---

23) ゲーデル全集 III, p.320.
24) [Parsons 1995a, pp.61f.] には，短いが啓発的な両者の比較が含まれている．

第 1 章　不完全性と分析性

第2章
人間と機械

2.1 不完全性と機械論——テューリングからペンローズまで

「人間と機械」、あるいは、もっと正確には「人間とコンピュータ」というテーマが、哲学のなかで盛んに論じられた時期は、これまで二つあった。第一の時期は1950年から1960年代の前半ぐらいまでで、第二の時期は1980年代から1990年代にかけてである。前者はコンピュータそのものの出現からまもなくの時期であり、後者はパーソナル・コンピュータの普及とその急速な進化が生じた時期である。この二つの時期で、ゲーデルの不完全性定理が議論に現れる仕方は対照的である。第一の時期ではゲーデルの不完全性定理はしばしば中心的役割を演じるのに対して、第二の時期では、いくつかの顕著な例外はあるが、それが提起する問題はあまりに原理的であるとして議論の中心からは外される。

第一期の最初に位置するのは、いまや古典的と言えるテューリングの論文「計算機と知能」である。1950年に『マインド』誌に発表されたこの論文は、第一期だけでなく第二期の議論にも大きな影響を与えた。よく知られているように、この論文でテューリングは「機械が考えることはできるか」という問いに答える具体的な方法として、後にテューリング・テストと呼ばれるようになるテストを提案している。テューリング自身の予想は、20世紀の終

わりまでにはこのテストに合格するコンピュータが現れ，考える機械について語ることは何も不思議なことでなくなるというものである [Turing 1964, pp.13f.]．こうした予想を述べたあと，テューリングはそれに反対する理由を九通り挙げて，それらをひとつひとつ検討した末に，すべて斥けている．不完全性定理が顔を出すのは，「数学的反論」と名付けられた反論においてである．そこでは不完全性定理というよりはむしろ，テューリング機械[1]の停止問題が例に取られている．任意のテューリング機械 TM と任意の入力 I に対して，I を与えられた TM は停止するかというのが，停止問題である．この問題を解くアルゴリズムは存在しない，すなわち，それは機械的には解けないというのが，テューリング自身が発見した事実である．

この結果をここでテューリングは，つぎのような形で用いている．任意のテューリング機械 TM を考える．そうすると，TM によって決まるあるテューリング機械 TM′ についての問い

　　　　TM′ が何らかの問いに対して「イエス」と答えることはあるか

に対して，TM が正しい答えを与えることはできない——誤った答えを与えるのでなければ，いつまで経っても答えは出てこない——ことが数学的に証明される．

このことは，人間には可能だが計算機にはできないことがあることを示すという主張に対して，テューリングは二つの理由から反対している．(i) このように示される限界が計算機にはあるが，人間の知能にはないということは，ただそう言われているだけであって，証明されたことではない．(ii) どんな機械よりも賢い人間が存在することが示されたわけではなく，どの機械を取っても，それより賢い別の機械があるということであっていっこうにかまわない [Turing 1964, p.16]．

このようにテューリング自身は，この議論にたいして重きをおいていないが，かれが，ゲーデルの不完全性定理に類似の数学的結果をもとにして，人間の心は原理的に計算機にまさると論じるタイプの議論を活字にしたもっと

---

[1]　もちろん，「テューリング機械」というのはテューリング自身の用語ではない．かれの言い方は「無限の容量をもつデジタル計算機であるタイプの機械」である．

も初期の人物であることは疑いない[2]．

　「ゲーデル」や「不完全性定理」といった名前は，いまでこそ，数学や哲学を専門とするわけではない多くのひとにも知られているが，こうした事態は，たがいに無関係ではない二つの原因によって引き起こされたと思われる．ひとつは，コンピュータの存在であり，もうひとつは，皮肉にも，テューリングが斥けた種類の議論である．第一不完全性定理は，数学の全体の完全な形式化が不可能であることを示した点で，知識の体系化についてのギリシア以来の理想が実現不可能であることを示した．さらに，第二不完全性定理は，数学を数学内部で正当化することをめざしたヒルベルトのプログラムが当初考えられていた形では遂行できないことを示すことによって，数学の基礎に関する研究の方向を大きく変えることになった．だが，数学以外の領域におけるわれわれの知識の非体系性・非形式性をみるとき，これらの定理の影響は数学の内部にとどまると考えるのが当然だろう[3]．

　ネーゲルとニューマンの共著になる『数学から超数学へ』——原題はもっとそっけなく『ゲーデルの証明』というのだが——は，ゲーデルの不完全性定理を一般読者向けに解説した最初の本として，それが出版された1958年より現在に至るまで，多くの読者をもつ本である．そのごくはじめの方に，つぎのような文章がある．

> この定理〔＝ゲーデルの定理〕が教えるのは，人間の心に備わる構造と能力とは，これまで想像されたどんな機械にも及びつかないほど複雑かつ精妙だということである．[Nagel and Newman 1958, p.10]

ここには，ゲーデルの不完全性定理に関して目にすることの多い文章の典型がある．そうした文章は，ゲーデルの定理が示したとされる機械のもつ原理的限界に触れ，ついで，そのことによって人間は機械から区別されるとする．

---

[2] テューリングの論文が発表されたのと同じ年に出版された論理学の教科書のなかで，ローゼンブルームは，述語論理の決定不可能性についてのチャーチの結果をもとに同じタイプの議論を述べている [Rosenbloom 1950, pp.160f.]．

[3] この観察は，[van Heijenoort 1964, p.356] に負う．また，拙稿 [飯田 1992] も参照されたい．

ゲーデルの定理についての一般向けの宣伝としてこれ以上に有効なものは考えられないだろう．

だが他方で，事情に通じている哲学者や論理学者の目から見れば，それは，ゲーデルが証明した事柄についての誤解と，論証上の初歩的な誤謬の産物でしかない．パトナムは，1960年の論文「心と機械」のなかで，ネーゲルとニューマンの本からの先の文章を引いて，それは「ゲーデルの定理の誤用以外のなにものでもない」ときめつけている [Putnam 1960][4]．ネーゲルとニューマンの議論をパトナムはつぎのように再構成する．――いま仮に，私の数学的能力がテューリング機械によって「表現」できるとしよう．つまり，それが証明できる数学的命題が，私が証明できる命題と同一であるようなテューリング機械 TM が存在すると仮定する．ゲーデルの定理によれば，TM によっては証明できない命題 U を私は構成できる．しかも，私はこの U を証明できる．このことは，証明できる数学的命題の範囲が，TM と私とで一致するという最初の仮定と矛盾する．よって，この仮定は否定されなければならない．すなわち，私はテューリング機械ではない．

こうした議論に対してパトナムは，任意のテューリング機械 TM が与えられたとき，ゲーデルの定理から出てくることは，つぎの二つの条件を満足するような命題 U の存在でしかないことを指摘する．

(1) TM が無矛盾ならば，TM は U の真偽を決定できない．

(2) 私は

(*) もしも TM が無矛盾ならば，U は真である

ことを証明できる．

しかし，ここには，私と機械とのあいだの非対称性が存在する余地はない．なぜならば，第一に，(*) は私にとって証明可能であるだけではなく，TM もまた (*) を証明できるからであり，第二に，U を TM は証明できないとしても，私にもまた U を証明することは不可能である――U を証明するためには

---

4) この論文は，心の哲学における機能主義を初めて唱えた論文としても名高い．

TM が無矛盾であることを証明しなければならないが，TM が複雑であるならばそうできる望みはありそうにない——からである．

パトナムのこうした指摘にもかかわらず，ゲーデルの定理が機械に対する人間の優越性を示すとする議論は根絶されなかった．それどころか，パトナムの論文が出た翌年，ルーカスは，その論文「心と機械とゲーデル」[Lucas 1961] のなかで，パトナムが批判したのとまったく同じタイプの議論を繰り返している．

> ゲーデルの定理はサイバネティカルな機械にあてはまるはずである．なぜならば，形式的体系の具体化であるということは，機械であることの本質に属するからである．それゆえ，無矛盾であって，簡単な算術を行うことができるどんな機械についても，その機械によっては真として提示されえない——体系のなかで証明不可能である——が，われわれには真であるとわかる式が存在する．よって，どんな機械も，心の完全で十全なモデルではありえない，心は機械とは本質的に異なる．[Anderson 1964, p.44]

ルーカスの議論はただちに多くの反論を招き，少なくともアカデミックな哲学のなかでは葬り去られたかのようにいったんみえた．ところが，1989 年に出版された『皇帝の新しい心』[Penrose 1989] のなかで，イギリスの物理学者ペンローズが，ゲーデルの不完全性定理をもとに，数学者の直観はどのようなアルゴリズムによっても表現できないと論じるに及んで，ルーカスは強力な援軍を得ることになった．『皇帝の新しい心』の続編『心の影』[Penrose 1994] でも，ゲーデルの定理は中心的な役割を演じている．『アメリカ数学会会報』に掲載された後者の書評 [Putnam 1995] はパトナムによるものであるが，かれは，35 年経ってもまた同じことを繰り返さなければならないのを嘆いているかのようにみえる[5]．

---

5) ルーカスおよびペンローズの議論については，大量の論文が書かれている．オンラインで読めるものは，チャルマーズ (David Chalmers) が編纂している Online Papers on Consciousness (http://jamaica.u.arizona.edu/~chalmers/online.html) の Gödel and AI という項からアクセスできる．

『心の影』は「論争を呼ぶ」本として迎えられるだろうし，量子力学や計算機科学の難解な概念の説明を含むにもかかわらず，売れ行きはよいにちがいない．だが，評者には，この本の出現は，われわれの現在の知的生活における悲しむべき出来事だと思われる．ロジャー・ペンローズは，オックスフォード大学のラウズ・ボール数学教授であり，権威あるウルフ物理学賞をスティーブン・ホーキングと共同受賞してもいる．それにもかかわらず，かれは，数理論理学の専門家のすべてがずっと以前に誤謬であるとして斥けた議論を正しいと信じ，それを擁護するために，この本と，その前の『皇帝の新しい心』を書いたのである．悪名高いルーカスの議論を専門家のすべてが斥けたという事実は，ペンローズの目には何ら重要と映らない．かれは自分と論理学者たちとのあいだにあるのは哲学的な見解の相違であると信じているが，それは誤りである．実際のところ，そこにあるのは数学的誤謬以外の何物でもない．

2.2　ギブズ講演における機械論と反機械論

　しかし，不完全性定理と機械論との関係を，ゲーデル本人はどう考えていたのだろうか．かれもまた，パトナムの言う「数理論理学の専門家のすべて」のひとりとして，ルーカスのような議論を単純な誤謬として斥けたのだろうか．じつのところゲーデルはどちらかというと，むしろルーカスとペンローズの側に与するというのが正しい．しかし，ゲーデルが自身の定理から引き出す結論は，ルーカスやペンローズよりもずっと控え目なものであり，しかも，遺稿のなかにおいてさえ，反機械論をはっきり標榜することは注意深く避けられている．

　とはいえ，不完全性定理から反機械論的な結論を引き出すことにゲーデルが反対しないということは，かれの生前から知られていた．1974年に出版されたハオ・ワンの『数学から哲学へ』のなかに，機械論に関して不完全性定理

から引き出される結論についてのゲーデルの見解が引用されていたからである [Wang 1974, pp.324-326]．また，少数の人々は，この同じ見解を，1951年も暮れようとする 12 月 26 日にゲーデル自身の口から聞いたかもしれない．この日，ゲーデルは，ブラウン大学でのアメリカ数学会の年会で，由緒あるギブズ講演を行い，そのなかでこうした見解を披露しているからである[6]．だが，この講演の内容が，もっと一般的に知られるようになったのは，ゲーデル全集第 III 巻が刊行された 1995 年以後のことである．そこではじめて，ゲーデルのギブズ講演「数学基礎論におけるいくつかの基本的定理とその帰結」は，その手書きの原稿——本文，註，本文に挿入されるべき補足などから成る——がゲーデル全集の編者によって編集されて，一般の読者の目に触れることになった．

この講演は，数学の基礎についての研究から得られた数学的成果の概略を述べる前半と，その哲学的帰結について論じる後半とから成る．前半の議論を始めるにあたってゲーデルは，数学基礎論で得られた成果はどれも「数学の完結不可能性と無尽蔵性とでも呼べるひとつの事実」のさまざまな側面を表すものにすぎないと述べる[7]．このことをゲーデルは二つの例に即して論じている．ひとつは，集合論の公理化である．ゲーデルによれば，それは，常に新しい公理を要求する完結不可能な過程である．そして，もうひとつが，ゲーデル自身の二つの不完全性定理である．第一と第二の不完全性定理の内容を説明したあと，第二不完全性定理についてかれはこう言う[8]．

> 数学の完結不可能性がとりわけ明白になるのは，この定理からです．なぜならば，この定理によれば，公理と規則の明確に規定された体系を構成したひとが「これらの公理と規則のすべてが正しいと私は（数学的な確実さをもって）知覚するし，それだけでなく，全数学がこれに含まれていると私は信じる」と言って，矛盾に陥らないでいることは不可能になるからです．もしもだれかが

---

6) この講演については，[高橋 1999, 第 III 章第 2 節] も参照されたい．ここには，ギブズ講演の重要な部分の翻訳が含まれている．
7) ゲーデル全集 III, p.305.
8) ゲーデル全集 III, p.309. 強調はゲーデルによる．

こう言うならば，そのひとは自己矛盾に陥っています．なぜならば，もしもそのひとが，問題となっている公理が正しいと知覚しているのならば，そのひとは（同じ確実さをもって）それが無矛盾であることも知覚しているからです．よって，そのひとは，自身の公理からは導かれない数学的洞察を所有しているのです．

読者によっては，これだけでも十分明晰かもしれないが，解説を付け加えておこう．まずここで「明確に規定された体系 (well-defined system)」と言われているものは，いま「形式的体系 (formal system)」と呼ばれるものと同じである．矛盾を引き起こさずにはいられない主張というのは，何らかの形式的体系 $\mathcal{F}$ について

(3) $\mathcal{F}$ の定理はすべて，真であること

(4) $\mathcal{F}$ の定理は，すべての数学的真理を含むこと

の双方ともが，数学的確実さをもって知覚されるという主張である．(3) の正しさが数学的確実さをもって知覚されるのならば，そのことから，そう知覚するひとには

(5) $\mathcal{F}$ は無矛盾である

ことも数学的確実さをもって知覚されるのでなくてはならない．だが，それならば，(5) 自身もまた数学的真理のひとつである．よって，(4) から

(6) $\mathcal{F}$ の無矛盾性は，$\mathcal{F}$ の定理として得られる

ということになる．だが，これは第二不完全性定理に反する．

これから，数学の完結不可能性はつぎのようにして示されよう．——どれだけ包括的な体系 $\mathcal{F}$ を考えようとも，その体系が正しいことを数学的に確信できるならば，その体系の無矛盾性もまた数学的真理であるはずだが，それが $\mathcal{F}$ に含まれることはできない．ここから，数学の全体が，ある単一の形式的体系に含まれるという意味で，数学が完結するということはありえないと結論できる．

だが，先の引用に続けてゲーデルは，「しかしながら，こうした事態の意味をはっきり理解するためには注意深くなければなりません」と警告している．そのあとは，こう続く．

　　このことが意味しているのは，正しい公理から成る明確に規定された体系は，本来の数学を全体として含むことはできないということでしょうか．もしも本来の数学が，真である数学的命題の全体から成る体系のことならば，その通りです．しかしながら，それが，証明可能な数学的命題の全体から成る体系のことならば，そうではありません．数学のこの二つの意味を，私は，客観的な意味の数学と主観的な意味の数学として区別することにします．正しい公理から成る明確に規定された体系はどれも，客観的な数学の全体を含むことはできません．なぜならば，その体系の無矛盾性を言う命題は，真であるにもかかわらず，その体系内で証明できないからです．しかしながら，主観的な数学に関しては，その明白な公理の全体を産出する有限の規則が存在することは排除されていません．しかしながら，そうした規則が存在したとしても，人間の理解力しかもたないわれわれにとっては，それがそうだと知ることはけっしてできないにちがいありません．つまり，そこから出てくる命題のすべてが正しいということを数学的確実性をもって知ることはわれわれにはできないでしょう．別の言い方をすれば，われわれにできるのは，有限個の命題に関してのみ，その各々が真であると順番に知覚するだけのことでしょう．しかし，そうした命題がすべて真であるという主張は，十分に多数の事例を基にしてか，他の帰納的な推論によって，せいぜいのところ，経験的確実性をもって知ることができるのみでしょう．仮にそうだとすれば，それは，人間の心が（純粋数学の領域においては），自分自身がどう機能するかを完全には理解できない有限的機械と同等であることを意味します．こうした自身の理解しえなさは，〔人間の心の〕果てしなさと無尽蔵さと誤解されるで

しょう．

　ゲーデルはここで数学的真理一般について語っているが，事柄の整理のためには，もっと限定された範囲の数学的真理について語る方が都合がよい．ギブズ講演におけるゲーデルの議論について啓発的な分析を与えているシャピロ [Shapiro 1998][9)]にならって，1階のペアノ算術の言語で表現される算術的真理の全体から成る集合 **T** に，以下の話を限定しよう．**T** は客観的な数学に対応する．それに対して，主観的な数学は，**T** の要素のなかで証明可能な文，つまり，われわれがその真理性を数学的確実性をもって知ることのできる文の全体 **K** に対応する．知られていることは真でなければならないから

(7) $\mathbf{K} \subseteq \mathbf{T}$

である．そうすると，この場合，「正しい公理から成る明確に規定された体系」とは，ペアノ算術の無矛盾な形式的公理化のことであると考えてよい．もしも **K** の全体が何らかのこうした形式的公理化によって尽くすことができる——「その全体を産出する有限の規則が存在する」——のならば，**K** は再帰的に枚挙可能 (recursively enumerable) である．そうすると，**K** の要素の全体を，かつそれだけを産出するテューリング機械が存在する．

　テューリング機械のすべてを，ある標準的記法で表現されたそのプログラムのゲーデル数に従って数え上げる仕方が決まっていて，その順番で x 番目に来るテューリング機械を「W_x」と表記することにする．この表記法で重要なのは，テューリング機械そのものは出力の集合にすぎないが，この表記法に従う名前が与えられたならば，その名前からそのプログラムを実効的な仕方で知ることができる点にある．

　さて，**K** が再帰的に枚挙可能であるという仮定のもとで，**K** の要素の全体を，かつそれだけを産出するテューリング機械のゲーデル数が e であるとする．この e が具体的に何であるかをわれわれは知らないが，現在の仮定のもとでは，ともかくそうした e が存在することはわかっている．

(8) $\mathbf{K} = W_e$

---

9) 本文でのゲーデルの議論の再構成も，この論文に負う．

である．

W_e が無矛盾であることを表現する算術命題 Con_e が存在する．それは **T** の要素ではあるが，第二不完全性定理により，**K** の要素ではありえない．いまもし W_e の全体が真であると（数学的確実性をもって）知ることができるならば，W_e が無矛盾であると（同様の数学的確実性をもって）知ることになる．このことは，Con_e が **K** の要素であることを意味するが，それは，いま見たように第二不完全性定理により不可能である．以上から，

(9) $W_e \subseteq \mathbf{T}$

ということを，数学的確実性をもって知ることは不可能である——「そこから出て来る命題のすべてが正しいということを数学的確実性をもって知ることはわれわれにはできない」——と結論できる．

ところで，先にも注意したように

(7) $\mathbf{K} \subseteq \mathbf{T}$

は自明である．よって，もしもだれかが，特定の e について

(8) $\mathbf{K} = W_e$

ということを数学的確実性をもって知るようなことがあれば，そのひとは，(7) を介して，(9) を同様な仕方で知ることになってしまう．したがって，具体的な e が何であろうが，それについて (8) が成り立つことを数学的確実性をもって知ることはできないという結論が得られる．

以上の議論から引き出される結論はつぎのことである．すなわち，もし仮に，われわれに知られうる数学——主観的数学——のちょうど全体を生み出すようなテューリング機械 TM があったとしても，あるいは，われわれ自身がそうしたテューリング機械 TM であったとしても，その機械がそうする——つまり，その出力が主観的数学と一致する——ということはわれわれにはけっして知りえないということである．つまり，そうした機械は，ゲーデルの言うように「自分自身がどう機能するかを完全には理解できない有限的

機械」なのである[10].

　さて，以上のことは，何ら機械論と矛盾するものではない．実際，いまみたような議論は，ルーカスの議論に対してベナセラフがその論文「神，悪魔，ゲーデル」で行った反論[11]ときわめてよく似ている．ベナセラフの結論はこうだからである．

> 以上のことはすべて，私がテューリング機械であること，ただし，私自身には解読できないような複雑なプログラムをもつテューリング機械であることと矛盾しないと思われる．私がテューリング機械ならば，どのテューリング機械が私であるかを私は突き止められないのである．

　ただし，ここまでの議論はすべて，主観的数学が形式化可能であったならばという仮定のもとでの議論である．しかし，機械論が正しいかどうかは，しばしば，この仮定が正しいかどうかにかかるとされる．幸いなことに，この仮定を外したとき何が言えるかをゲーデルはつぎに考察している．先ほど引用した箇所から少し後の部分を引用する[12].

> 人間の心が有限の機械と同等ならば，客観的数学は，明確に規定されたどのような公理体系にも包含されないという意味で完結不可能であるだけでなく，**絶対的に解決不可能な**，先に述べたタイ

---

10) きわめて興味深いことに，電子計算機に関するフォン・ノイマンの仕事の25周年を記念して1972年6月に開催されたIAS（プリンストン高等研究所）の会合で，ゲーデルがフロアから行った二つの質問のうちのひとつは「自身のプログラムを完全に知っている機械という観念に何かパラドキシカルなところはないか」というものだったという．[Dawson 1997, p.243] 参照．
11) [Benacerraf 1967]．とくに，その第IV節．
12) ゲーデル全集III, p.310. 強調はゲーデルによる．ところで，これまでそうしてきたように，ここでも「心」は，英語の「mind」の訳である．しかし，こうした箇所では，「mind」に「心」を対応させることにはかなりの無理がある．実際，引用文中の「人間の心」はすべて「人間の頭」に置き換えた方が意味が通じやすいと思われる．「mind」のより適切な訳語としては「精神」という語も考えられるが，いまやこの語は死語になりかけているようにも思われる．その証拠に，「philosophy of mind」を「精神哲学」と訳すひとはもういない．「mind」の訳語としての「心」は，日本語の「こころ」と「あたま」の両方を包括するのだと考えてもらいたい．

第2章　人間と機械　　145

プの多項式問題が存在します．ここで「絶対的」というのは，何らかの公理体系のなかで決定できないだけでなく，人間の心が考案するどんな数学的証明によっても決定できないという意味です．よって，つぎのような選言的結論は不可避です．**明白な数学的公理の全体は有限の規則に含まれることはないという意味で，数学は完結不可能である，すなわち，人間の心は（純粋数学の領域においてさえ）どんな有限の機械よりも無限にすぐれているか，あるいは，絶対的に解決不可能な，あるタイプの多項式問題が存在する**（選言肢の両方が真である場合も除外されてはいない，よって，厳密には三通りの可能性がある）．数学的に確立されたこの事実は，哲学的にきわめて重要であると私には思われます．

これまでと同様，話を 1 階のペアノ算術の言語で表現される数学的真理の範囲に限れば，二つの選言肢は，つぎのように表現できる．

(a) **K** は形式化可能ではない，すなわち，再帰的に枚挙可能ではない．ゆえに，それは，どのようなテューリング機械とも同等ではない．

(b) 絶対的に解決不可能な問題が存在する．

選言が成り立つことは，およそつぎのような議論で示される．——(a) ではないと仮定しよう．すなわち，主観的数学 **K** は再帰的に枚挙可能であると仮定する．客観的数学 **T** は再帰的に枚挙可能ではない．そうすると，**K** $\subseteq$ **T**（先の (7)）であるから，$A \in$ **T** であるが，$A \notin$ **K** であるような A が存在する．もしも $\neg A \in$ **K** ならば，$\neg A \in$ **T** となるが，**T** が矛盾することはありえないから，$\neg A \notin$ **K** でもある．つまり，A は絶対的に決定不可能である．

要するに，ゲーデルの「選言的結論」は，つぎのような条件法命題と同値である．

(10) もしも **K** が何らかのテューリング機械と同等であるならば，絶対的に解決不可能な問題が存在する．

これに先立つ考察によって得られた結論も，ここに書き並べておこう．

(11) もしも人間の心的能力が数学的領域において何らかのテューリング機械と同等であるならば，人間は，自身がどのようなテューリング機械であるかを知りえない．

このどちらも，それ自体では，機械論か反機械論かという議論に決着をつけるような性格のものではない．機械論に賛成の立場は，(10) の前件を肯定して，後件を受け入れるだろう．他方，機械論に反対の立場は，(10) の後件を否定することによって，前件を否定する．(11) についても同様である．

　ギブズ講演においてゲーデルは，条件法命題 (10) を全体として主張することしかしていない．しかも，そこでゲーデルは，後件，つまり，もとの選言的結論の第二の選言肢が正しければ，何が帰結するかについて論じて，そこから帰結するものは何らかの形のプラトニズムであると述べている．その理由としてゲーデルが挙げているのは，もしも数学がわれわれ自身が作り出したものであるならば，われわれは自分たちが作り上げたものの性質をすべて知っていなければならないから，絶対的に決定不可能な数学的命題のようなものはありえないということである[13]．この議論にどれだけの説得力があるかはともかく，こうしたプラトニズムの立場はゲーデル自身が取るものである．しかしながら，それゆえゲーデルは (10) の後件が正しいと信じていたとわれわれが推論するならば，それは一般に「後件肯定の誤謬」と呼ばれる誤謬を犯すことになろう．ただし，ここで問題となる条件法は，(10) ではなく，

  (12) 絶対的に決定不可能な数学的命題が存在するならば，数学はわれわれ自身によって作られたものではない

といった趣旨のものである．ゲーデルのように，(12) を受け入れ，その後件が正しいと考えたとしても，そのことから (12) の前件が正しいことは帰結しない．

　実際のところ，絶対的に決定不可能な数学的命題は存在せず，それゆえ，条件法命題 (10) に従い，機械論は間違っているとゲーデルが考えていたことは，ほぼ確実である．先にも言及したハオ・ワンの『数学から哲学へ』のた

---

[13] ゲーデル全集 III, p.311.

めに書かれた文章のなかでゲーデルは，絶対的に解決不可能な問題が存在するということを否定した点においてヒルベルトは正しかったと考えると述べている．その根拠をかれは「合理的楽観主義 (rational optimism)」ということに求める．もしも絶対的に解決不可能な問題が存在するとすれば，「人間理性は，理性だけに答えることが可能だと言いながら，自身には答えられない問いを問う，まったく不合理な存在となる」ゆえに，また，数学においてこれまで示されてきた成功ゆえに，合理的楽観主義は正当化されると，かれは言う [Wang 1974, pp.324f.]．

しかし，ゲーデルのこうした議論に説得されるひとは，いるとしてもごくわずかだろう[14]．それどころか，一見したところ，(10) の後件が正しいことは自明であるようにみえる．あまりに複雑であるために，その証明がわれわれには把握できないような数学的問題があっても，まったく不思議はないだろう．そして，実際にそうした問題は疑いなく存在するようにみえる．たとえば，ともかく計算することによってしか答えが出せそうにない問題でありながら，どれだけ高性能のコンピュータを用いてもその計算には宇宙の年齢を越える時間が必要な問題といったものが存在することは明らかである．

だが，そのアルゴリズムが知られているのに，人間の手に入る計算力ではけっして答えの出せないような計算問題といったものは，ここで言う「絶対的に解決不可能な問題」ではない．ここでの議論の脈絡では，それは，解決可能な問題の部類に属するのである．ここで明らかになるのは，「人間の心は有限の機械と同等か」という問いで直接的に問題になっているのは，現実に存在する人間の心でもなければ，現実に存在する機械でもないということである．したがって，ゲーデルの議論が，現実の人間の心にとってどんな帰結をもつかは，けっして自明なことではない．これは，節を改めて考えるべき問題である．

---

14) ワンによれば，ゲーデル自身，この議論に説得力が欠けていることは承知していたという．[Wang 1996, p.185] を参照．また，ゲーデルの合理的楽観主義については，同書の pp.308–318 を見られたい．

2.3 仮想の心と仮想の機械

ウィトゲンシュタインの言う [Wittgenstein 1978, pp.83–85] ように，われわれはしばしば，「機械」ということで，現実に存在する機械のことではなく，「記号としての機械」のことを考える．記号としての機械は，現実の機械とちがって，故障とはまったく無縁であり，また，いつか寿命が尽きるということもない．テューリング機械はこの意味での機械であり，しかも，それは，現実の機械がもつもうひとつの種類の制限からも自由な機械である．つまり，テューリング機械の説明に必ず現れる「無限の長さのテープ」に象徴されるように，それが利用できる資源に限りはない．もちろん，「テューリング機械」とは，ある条件を満足する「記号としての機械」のクラスを指す名称であり，限りない資源がすべてのテューリング機械に必要なわけではない．しかし，限りなく動き続けるテューリング機械もまた存在する．それにもかかわらず，テューリング機械が有限の機械であると言われるのは，それがまず，連続的ではなく離散的な過程によって動作するものであり，しかも，その過程の各ステップごとにそれが利用する資源は有限だからである．

「選言的結論」の第一の選言肢「人間の心は（純粋数学の領域においてさえ）どんな有限の機械よりも無限にすぐれている」に現れている「機械」は，第一義的には，記号としての機械だろう．現実の機械はいずれもその性能において記号としての機械には及ばない．したがって，人間の心が，記号としての任意の機械よりもすぐれているのであれば，それが現実のどの機械よりもすぐれていることは明らかである．それに対して，ここで言われている「人間の心」はどう理解されるべきだろうか．まず，ここでそれがもっぱら人間の数学的能力のことを意味しているのはまちがいない．そして，これまでの議論から明らかなように，人間の数学的能力は，人間に証明できる数学的定理——数学的確実さをもって知られる命題——がどれだけであるかによって測られると考えられている．ここでの問題は，「人間に証明できる」ということの正確な意味である．

いつかは死ぬ定めにあるのが人間であるから，ひとりの人間が一生のうち

に証明できる数学的定理の数は有限である．種としての人間もまたいつかは死に絶えるから，過去・現在・未来にわたる人間の全体によって証明できる数学的定理の数もまた有限である．生存に必要な時間以外のすべての時間を数学的定理の証明に費やしたとしてさえ，人類に証明できる数学的定理の全体が有限でしかありえないことは決まりきっている．そして，有限の集合ならば，それを出力としてもつテューリング機械が存在するから，人間の数学的能力はそうしたテューリング機械の能力とまったく変わらない．

証明された定理からの論理的帰結もまた「証明できる」定理のなかに含めて考えるべきだという反論があるだろう．しかし，そうしたとしても，有限個の命題からの論理的帰結の全体は再帰的に枚挙可能だから，同一の出力をもつテューリング機械は必ず存在する．よって，「証明できる」をこのように解したとしても，数学の領域において人間の心が有限の機械よりもすぐれているなどとはけっして言えない．

だが，これは「証明できる」が様相的表現であることを考慮していないと言われよう．ひとつの考え方はこうである．──ひとりの人間が一生のうちに証明できる定理の数はたしかに有限だろう．だが，その人間が現実に送ったのとは別の人生を送ったとすると，その一生のなかでその人間が証明する定理のクラスは，現実の人生のときとはまったく異なるものでありうる．私が別の人生を送っていたならば私が証明したであろう定理は，私に証明できた定理だろう．同じことが人類全体についても言える，人類の現実の歴史において人類が証明する定理は，異なる歴史を人類が歩んだとしたときに証明される定理とは異なるだろうからである．

「証明できる」のこうした解釈は，可能世界の概念を用いればつぎのように説明できる．人間が存在する可能世界 w の各々で，人間によって証明される定理の数は有限でしかない．しかしながら，w が異なれば，そこに存在する人間が証明する定理のクラス TH_w は異なりうる．人間が存在する可能世界の数が有限でなく無限であるならば，どこかの可能世界で証明される定理の全体から成るクラス $\bigcup_w TH_w$ は無限でありうる．

だが，「証明できる」をこのように解釈するならば，証明できる定理の範囲に関して人間と機械のどちらが勝つかという問題に関して，不完全性定理は

何の関係もない．この問題の決め手となるのは，つぎの二点である．

 (i) 人間が存在する可能世界の数はどれだけあるのか，有限なのか無限なのか，無限であるのならばどの程度の無限なのか．

 (ii) すべての w について $\mathbf{TH}_w \subseteq A$ であるような可算集合 A は存在するか．

もしも (ii) で言われているような A が存在せず，人間が存在する可能世界の数が非可算であるならば，いま考えているような意味で「証明できる」定理の全体は非可算でありうる．それに対して，無限に多くのテューリング機械のどれかによって証明できる定理を全部集めてきたとしてもその全体は可算でしかない．したがって，もしも事態がこのようであるのならば，人間は，それが「証明できる」定理の範囲において，機械にはるかに——無限に——まさると結論できよう．だが，いまにも述べたように，こうした結論が得られたとしても，それは不完全性定理とはまったく関係のない考慮による．

いまみた「証明できる」の解釈は，現実世界とは異なる複数の可能世界を考えて，そのどこかで証明されるということをもって「証明できる」とするものであった[15]．だが，これは「証明できる」のひどくひねくれた解釈であり，「証明できる」ということで通常意味されているのはこんなことではないと言われよう．可能世界の言い方を使い続ければ，なすべきことは，複数の可能世界を考えるのではなく，現実世界の「理想化」であるようなひとつの可能世界を考え，そこで何が証明されることになるかをみるべきだということになる．

たとえば，自然数どうしの単純な足し算であっても，それを実際に計算するためには，宇宙の年齢を越える時間が必要なものがあることは疑いない．しかし，そうした計算によって得られる等式が数学の定理のひとつであるこ

---

15) 「証明できる」のこの解釈は，つぎのどちらかによって特徴づけられよう．
 (a) $\exists (x \in 人間) \Diamond x$ は S を証明する
 (b) $\Diamond \exists (x \in 人間) x$ は S を証明する
前者によれば，現実に存在する人間によって証明される可能性のある定理が「証明できる定理」であるのに対して，後者によれば，それを証明する人間の存在することが可能である定理が「証明できる定理」ということになる．

とも同様にたしかである．この計算を行うテューリング機械は当然存在する．テューリング機械は記号としての機械である以上，それが存在するためには，数学的に可能であればそれで十分だからである．このような機械と競争できるためには，人間もまた現実の存在であることをやめなくてはならない．少なくとも，人間に課されている制約のうちのいくつかは取り払われなければならない．無限に多くの定理が証明されるためには，ひとりひとりの人間が永遠に生きる必要はなくとも，人類の全体は永遠に生き続けることができなくてはならない．また，人類は，現実の人間の理解を越える巨大な数や，複雑な式や証明を理解するような個人から成り立っているのでなくてはならない．さらに，テューリング機械にとっては誤作動ということが無意味であるように，この理想化された人類は，数学において間違いを犯さないか，少なくとも，間違いを必ず訂正できるのでなくてはならない．

　ここまで理想化された人間ならば，少なくとも，どんなテューリング機械にも負けないだけの数学的能力をもっていると言えるだろう．そのうえで，理想化された人間であってもテューリング機械を凌駕することはできないとするのが，機械論者の立場で，その逆に，理想化された人間は，テューリング機械にけっしてできないことができるとするのが，反機械論者の立場である．

　しかし，このように理想化された存在は，もはや人間とは呼べないのではないだろうか．こうした存在が「人間の心」をもっていると言うことは，はたして正しいだろうか．

　正しいとする議論として，ここでは二つのものを検討しよう．第一の議論は，人間の言語能力を探究する言語学者は同様の理想化を行っているのだから，数学的能力に関する理想化はまったく正当であるというものである．たとえば，

　　　(13) 花子の子供が子供を産んだ．

という文を日本語の話し手は理解できるし，自分でそれを使うことも必要があればできるだろう．同じことは，

　　　(14) 花子の子供の子供の子供が子供を産んだ．

という文についても言えるだろう．しかし，「子供の子供の」というこの繰り返しがさらに何度も繰り返されたときにはどうなるだろうか．繰り返しが正しくなされているかどうかを最初はチェックしていたとしても，人間の集中力には限度がある．ふつうの人間ならば，どこかでもうそれ以上集中できなくなって，言われていることが日本語の文になっているかどうか判定できなくなるだろう．さもなければ，繰り返しが正しくなされているかどうかに集中して，何が言われているかを見失ってしまうだろう．では，「子供の子供の」が，人間の集中力を越えて繰り返されるような表現は，日本語に属さないのだろうか．ここで言語学者はしばしば，言語能力 (competence) と言語運用 (performance) という区別を持ち出す．言語能力とは，言語の理想的な話し手が備えている能力であり，理想的な話し手には，集中力の限界といったものは存在しないから，「子供の子供の」が何度繰り返されようが，それが正しい仕方で繰り返されている限りは，その結果生じる文が文法的に適正であることを認知できるだけでなく，それが何を意味するかを把握することもできる．そして，言語学の第一義的な探究対象は，言語の現実の話し手のもつ限界に起因するさまざまな制限や誤りに満ちた言語運用ではなく，現実の話し手が潜在的にもっており，理想的な話し手が明示的にもっている言語能力だと言われる．

　こうした考え方は，少なくとも言語学の内部では比較的一般的な考え方であるように思われる．しかしながら，このように考える必要はない．別の考え方によれば，言語とはある種の数学的構造であり，言語の話し手はその構造を不完全な仕方でしか利用できない[16]．日本語には (13) や (14) と似た構造をもつ無限に多くの文があり，そうした文はどれも有限ではあっても，きりなく長くなりうる．したがって，そのなかには，言い出してから言い終わるまでに宇宙の全年齢以上の時間を必要とする文であるとか，宇宙の全体を使っても書ききれない文などもある．こうした文が「ある」というのは，どういうことか．それは，きりなく動き続けるテューリング機械が「ある」と言われるのと同じ意味で「ある」と言われるのである．つまり，そうした文は，

---

16) 関連する議論として，拙稿 [飯田 2004] を参照して頂けるとさいわいである．

言語という数学的構造において許されているという意味で「ある」のである．こうした数学的構造は，それを体現しているような理想の話し手が想定できなければ存在しないのではない．テューリング機械の各々に対して，それとは異なる理想的な機械を想定することに何の利点がないのと同様，異なる言語の各々に対してその理想的な話し手を想定する必要はまったくない．むしろ，人間の言語能力は，数学的構造である言語のどれだけの部分を人間は実際に利用することができるのかを探究することによって明らかにされると考えるべきである．

　理想化を擁護しようとするもうひとつの議論の方に移ろう．この議論によれば，理想化されるのは必ずしも「人間の心」ではない．理想化されるのは「有限の心」である．したがって，どんなテューリング機械にも負けないような心は，もはや「人間の心」ではないかもしれないが，それは問題ではない．われわれにとって人間の心が有限の心の原型であることはたしかだが，本来問われているのは，機械と同等でない有限の心があるかどうかだからである．

　この議論に関して指摘できることは，人間の心はわれわれにとって心の原型以上のものではないかということである．「人間の」という限定を外した心について，われわれは実際のところ何を知っているだろうか．ここで皮肉なのは，現在，「人間の」という限定を外した心一般を理解するためにもっとも有効な概念とは，まさに機械の概念であると考える人々がたくさんいることである．「認知科学」という名称のもとになされている研究の多くは，心がある種の機械であるという仮定に基づいている．そこでの問いは，人間の心は機械と同等であるかどうかではなく，人間の心は機械のなかでもどんな機械なのかということである [戸田山 2004]．

　1980年頃からふたたび「人間とコンピュータ」というテーマが哲学のなかで取り上げられるようになったとき，ゲーデルの不完全性定理やそれと類似の数学的結果が議論の中心に来ることがなかったのは，ある意味でもっともだと言える．「コンピュータ」ということで現実の機械が常に問題であったわけではないが，多くの場面でそれは，単なる数学的存在以上のものを意味していた．したがって，それと比較されるべき人間もまた，それほど極端に理想化された存在ではありえない．そして，現実の——あるいは，現実に近い

——人間や機械に対してゲーデルの不完全性定理を直接適用しようとすることは，まったく望みのない企てである．

　ゲーデルの不完全性定理に発する心と機械をめぐる議論からどのような哲学的教訓を引き出すかは，ひとによってちがうだろう．私が引き出したいと思う教訓は，機械としての心というパラダイムの定着にもかかわらず，「人間の心」から「人間の」という限定を外すことはそもそも正当なことなのかという疑問をわれわれは忘れてはいけないということである．かつて，「人間の心」は有限なものとして，無限である「神の心」と対比されていた．だが，この両者に共通する「心」とは何かという問いに対して，満足な答えが与えられたことはたぶんない．ゲーデルの不完全性定理をめぐる議論には，しばしば，人間，機械，神——ときには，悪魔——の「心」が登場するが，そうした心一般を想定することは意味のあることなのかという疑問は，機械の概念が心の一般理論を可能とすると考える人々の多くの議論にもかかわらず，まだ答えられていない疑問だろう．

付論
ゲーデルと第二次大戦前後の日本の哲学

1 田辺元とゲーデル？

　ゲーデルの名前が日本の哲学においても知られるようになったのが，いつのことかを正確に突き止めることはむずかしい．しかし，『岩波講座 数学』の一部として，黒田成勝『数学基礎論』が公刊されたのは，1932 年から 1933 年にかけてのことであり，数学の基礎に関心を抱く哲学者たちにとって，これが重要な文献となったことは，容易に想像がつく[1]．したがって，少なくとも不完全性定理に関するゲーデルの業績は，比較的早くから哲学のなかでも知られていたと思われる．だが，それはどのように受け止められただろうか．この時期に，ゲーデルの結果が，哲学の観点から，哲学者によって論じられたことはあったのだろうか．
　そうした疑問を抱いていた折，田辺元の数学論にゲーデルが登場するということを偶然耳にした．たしかに，田辺元は，わが国における最初の数理哲学者ということで有名であるから，そのようなことがあってもおかしくないと思われた．もちろん，1925 年出版の『数理哲学研究』にゲーデルが登場す

---

1) 『哲学研究』第 21 巻第 252 号（1936 年 6 月）に掲載されたベルナイス「超数学の本質に就て」には，その訳者である三田博雄による文献案内が付いているが，そこでは，黒田成勝『数学基礎論』第四章が，ゲーデルの原論文とともに参照されるべきものとして挙げられている．

るはずもない．したがって，見るべきなのは，もっと後の著作ということになる．私がまず読んでみたのは，晩年に書かれた『数理の歴史主義展開』(1954)である．それに付された副題「数学基礎論覚書」は，期待を抱かせるに十分であった．だが，残念ながら，その期待は満たされなかったことを報告しなければならない．ゲーデルがこの本に登場しないわけではない．しかし，それは，この本のごく最初の方に，ただ一回現れるだけである．

『数理の歴史主義展開』は「数学基礎論・公理主義・証明論」と題された短い章（全集版で2頁余）から始まる．数学の基礎の危機から説き起こし，それへの対処としてのラッセルの論理主義が，還元公理のような要請を必要とする点で保持しがたいこと，その一方でブラウワーの直観主義は，「在来の数学が著しき削除を受けねばならぬ」[田辺 1964, p.212] ために受け入れがたいことが述べられたあと，ヒルベルトに焦点が絞られる．ヒルベルトの立場は，公理主義に立脚し，証明そのものを数学的対象と化して，数学の一分科としての証明論に集中するものであると特徴づけられる．ここまでの論述は，田辺がこの本の執筆を思い立ったきっかけのひとつでもあった末綱恕一『数学の基礎』(1952) に依存するものであるとはいえ，ゲーデル登場直前の状況についての把握としては，現在でも標準的なものだと思われる．

ゲーデルの名前が現れるのは，続く第二章「公理主義に対する連続体，切断概念の困難」の最初からすぐのところである．第二章は，こう始まる．

> 公理主義が右の如く現代数学を支配する立場であることは，争ふべからざる事実である．しかし翻って考へると，無矛盾証明が未だ実数の連続体系にまで及ぶことができないといふ事実は，その由来するところ，単に歴史的時期未熟といふに止まり将来必ず解決されると約束せられるものであるか，それともゲーデルの示した如き原理上の困難に因るものであるかは，容易に決せられぬのではないか．[田辺 1964, p.214]

ここでまず私が引っかかるのは，「無矛盾証明が未だ実数の連続体系にまで及ぶことができないといふ事実」と言われていることである．実数体系の無矛盾性証明には，まだまったく手がつけられないでいることが，たぶん，こ

こで言われている「事実」なのであろう．そして，これが，単なる歴史的事情によるのか，それとも，何かこれから明らかにされるべき理論上の理由によるのかが，「容易に決せられぬ」と言われているのだろう．だが，そもそも，ゲーデルが示したはずの，自然数論の無矛盾性証明に関する「原理上の困難」は，公理主義にとっての問題ではないのだろうか[2]．

だが，驚くべきことに，このあとどれだけ読み進めても，自然数論の無矛盾性証明という話題はいっさい出て来ない．つぎの引用が示すように，無矛盾性証明や証明論はすべて実数論において挫折するというのが，この本の基本的主張であり，そこから田辺はさまざまな哲学的結論を引き出してくるのである．

> 〔ヒルベルト〕が算数学なり幾何学なりの公理系として掲げた連続の公理は，アルキメデス公理と完全公理とから成るが，前者は専ら計測の可能に係はり，後者は前者並に他の公理系を満足する要素体系が，もはや完全にして要素の追加を許さざることを規定し，もつて計測の唯一確定性を要請するものであって，連続の切断的要素或は無理数実数の定立を積極的に根拠付けるものでないことは明である．却てこれら無理数ないし実数の数系列に関する公理体系の無矛盾証明は，不可能として断念せられる外ないのが現状ではないか．[田辺 1964, p.260]

> 切断は単に理念として無限論の立場に投写される限り極限に止まり，真に連続体の主体的動源を象徴することはできない．証明論が実数の根拠付けに達する能はざるゆゑんである．[田辺 1964, p.269]

これはいったいどうしたことだろうか．いろいろ考えるうちに思い至ったことは，自然数論に関しては無矛盾性の証明は成功していると田辺が考えて

---

[2] もちろん，無矛盾性証明に関する第二不完全性定理だけでなく，第一不完全性定理もまた，公理主義にとって問題であることは言うまでもない．だが，第一不完全性定理がそれとして取り上げられることは，この時期の日本の哲学ではきわめてまれであり，ゲーデルの結果はもっぱら無矛盾性証明の可能性との関連で取り上げられている．

いたのではないかということである．これは別に田辺にとって不名誉なことではない．ゲーデルの結果にもかかわらず，自然数論の無矛盾性証明をゲンツェンが与えたということを，田辺は知っていたにちがいないからである．ゲンツェンの証明が発表されたのは1936年のことであるが，その翌年には早くも，田辺のいた京都大学の雑誌『哲学研究』に，それを紹介する長文の論文が二回に分けて掲載された．その執筆者である近藤洋逸は，田辺の弟子でもある[3]．この論文のなかで近藤はつぎのように述べている．

> ヒルベルトの有名な研究に依り幾何学の無矛盾性の問題は算術学のそれに帰着された．また複素数理論の無矛盾性証明は実数論のそれに簡単に還元せられる．故に残された問題は自然数論，実数論，集合論の無矛盾性証明である．ゲンツェンは自然数論のそれに完全なる解決を与えたのである．[4]

ヒルベルトのプログラムや証明論との関連でゲーデルの名前が出てくることは，ごく自然である．戦前から戦後すぐにかけての日本の哲学においても，このことは正しい．だが，ひとつの大きな特徴がある．それは，ゲーデルの結果が重大な問題を提起することは認めながらも，それが必ずしもヒルベルトのプログラムおよび証明論の終焉を意味するものでないことを示すものとして，ゲンツェンによる自然数論の無矛盾性証明が常に引き合いに出されることである．これは，ゲンツェンの仕事が正当に評価されるようになったのが1970年代以後でしかなかった英語圏の哲学の場合と大きな対照をなしている[5]．

だが，ゲンツェンの仕事がきちんと評価されるようになったいまでも，かれの与えた無矛盾性証明が，自然数論の無矛盾性の問題への「完全なる解決」

---

3) 近藤洋逸の経歴については，[佐々木 1994] を参考にした．
4) [近藤 1937]．引用箇所は，255号のp.71にある．『科学』の1937年5月の「寄書」欄に掲載された「G.Gentzenの無矛盾性証明に関連して」でも近藤はつぎのように述べている．「数学基礎論の最近の収穫の最大なるはGentzenの与へた自然数論の無矛盾性証明であらう．之に依りHilbertのプログラムの第一歩が完了した．次は実数をBereichとする Analysisの無矛盾性証明だが，之に関しては未だに確然たる見通しはついてゐない．」
5) その理由のひとつとして，ゲンツェンの政治的信条（ゲンツェンはナチと関係があった）が挙げられることがあるが，私には判断がつきかねる．

を与えるとみなされることは，まず，ないだろう．その点で，近藤のここでの発言がいささか勇み足であることは否めない．わが国における数学基礎論の開拓者のひとりで，数学の哲学に関しても興味深い仕事を残している小野勝次は，1940年に発表された「数理哲学の諸問題」のなかで，ゲンツェンの証明に関してつぎのように述べているが，これは，いまでも多くの論理学者・哲学者からの賛同を得られる見解だと思われる．

> 最近ゲンツェンは思ひ切って有限的立場を離れ，超限帰納法を利用することによって遂に自然数の理論の無矛盾性の証明に成功した．この結果は数学基礎論に於ける最大の収穫の一つであって，私もその功績を認めるに吝なる者ではないが，それでもこの結果を以て自然数の理論の無矛盾性の問題の解決がついてしまったとは考へない．超限帰納法はそれ自身に於て絶対確実な直観とは考へられないからである．[小野 1940, p.703]

小野はまた，翌年の『科学』に掲載された「学界展望——数学基礎論の問題」のなかで，つぎのように書いている．

> （前略）自然数論に於てさへ無矛盾性の証明はとにかく難渋してゐる．そこで現在の数学基礎論は無矛盾性の証明の問題を中心としてなほ二つの行き方を持ってゐる．一つはともかくも自然数論については一段落と考へて素通りして数学解析の無矛盾性の証明を試みるものである．そこに於て始めて数学基礎論も無限と連続の本質的な問題に直面するであらう．而してここにこそ数学基礎論の本来の問題が蔵されてゐるのである．しかし自然数論について更に深く考察することもたしかに一つの行き方であらう．自然数論の無矛盾性に関する結果は何れも未だ十分満足すべきものではないからである．但し，この様な途をたどつても数学解析に関する関心は常に持ってゐなければならないであらう．これなくしては数学基礎論の真の問題を見失ふ怖れがある．[小野 1941]

ここで，田辺の『数理の歴史主義展開』に戻れば，かれがそこで自然数論の無矛盾性の問題にまったく触れなかったのは，それがすでに片付いた問題

だと考えていたからではなく，小野のこの文章にあるのと同様，数学基礎論の真に重要な問題は実数論（数学解析）にあると考えていたからだという解釈も成り立つかもしれない．だが，実数論の無矛盾性証明が不可能であると田辺が考えた理由は，先に引いた箇所からも想像がつくように，ゲーデルともゲンツェンともまったく関係ない．よって，田辺のこの本から，この時期のわが国の哲学におけるゲーデルの位置というものを知ることはできない．それを知るためには，近藤洋逸のような田辺の弟子にあたる世代の仕事に向かう必要がある．

2　近藤洋逸の数学基礎論批判

戦前の日本の哲学の中心が京都にあったことは，否定しがたい事実である．京都大学哲学研究室発行の雑誌『哲学研究』のバックナンバーを，1930年代から1940年代にかけて見て行くと，数学の基礎についての研究やその紹介が意外に多いことにおどろかされる．なかでも，ひときわ目に付くのは，1935年から1940年にかけて矢継ぎ早に掲載された近藤洋逸の一連の論文である．この同じ時期には，ベルナイスの論文の三田博雄による翻訳も『哲学研究』に掲載されている[6]．

『哲学研究』に掲載された近藤の論文は，つぎの五本である．ただし，最後の「数学論序説」は未完に終わった．

1. 「集合論の所謂『矛盾』に就て」第20巻第231号（1935年6月）90–123; 第232号（1935年7月）68–98.
2. 「パラドックス再論——レーヴェンハイム・スコーレムの背理を中心として——」第21巻第240号（1936年3月）26–58.
3. 「自然数論の無矛盾性証明——G・ゲンツェンの業績——」

---

[6] これは，[Bernays 1935] の訳である．さらに，古田智久氏の労作『科学哲学文献目録 PART I [1868〜1945年]』(1994) によって見れば，ベルナイスの長大な論文「数学の基礎に関するヒルベルトの研究」の伊東誠による訳が，ほとんど同時期に『月刊数学』に連載されている（筆者未見）．

第 22 巻第 255 号（1937 年 6 月）65–88; 第 256 号（1937 年 7 月）84–107.
4. 「数学『基礎論』——その基本問題と意義——」第 24 巻第 281 号（1939 年 8 月）53–80; 第 283 号（1939 年 10 月）58–67; 第 285 号（1939 年 12 月）57–79.
5. 「数学論序説——覚え書き風に——」第 25 巻第 287 号（1940 年 2 月）83–92.

このなかでは，4. が代表的なものである．これは，全部で十個の節から成るが，内容的にはつぎのような構成をもつ．まず，1930 年代後半における数学基礎論の現状が，主としてゲンツェンの論文「数学基礎論の現状」[Gentzen 1938][7]に依りながら述べられる（一節—三節）．つぎに，数学解析の無矛盾性証明を，いわゆる「スコーレムのパラドクス」を逆手に取って行おうというゲンツェンの展望が紹介される（四節）．ゲンツェンのこうした推測を評価するために，スコーレムの定理の証明過程が吟味される（五・六節）．ここまでは，基本的には，紹介的部分である[8]．続く七節から九節は，スコーレムの議論の批判である．最後の十節で，著者の立場が，数学的対象の実在を認めるもの——現在ならば，「実在論的立場」と呼ばれるだろう——であることが明確に表明され，さらに，「基礎論」[9]は，「レアルで発展的な観点によって批判的に克服」されなければならないと，結論づけられる．つぎは，この論文の最後に近いところからの引用である．

「基礎論」の有限主義構成主義の偏向は，スコーレムの「定理」となって現れ，或はまた NPV〔=非可述的手続き（nichtprädikatives Verfahren）〕の軽視至は危険視となって現れてゐる．これは基礎論の当面の課題である数学解析の無矛盾性証明を妨害する最も重

[7] 英訳が [Szabo 1969] に収められている．[Kreisel 1971] をも参照．
[8] とくに，四節までは，ゲンツェンの論文の翻訳に，訳者のコメントをところどころはさんだ形のものであると言っても，たぶん言い過ぎではない．
[9] この論文で，数学基礎論が，常に「数学『基礎論』」のように引用符つきで言われているのは，それが本当の意味で，数学の基礎を与えるかどうかについて，著者が懐疑的であることの表れなのだろう．

大な要因の一つであらう．この構成主義有限主義を止揚するためには，レアルな（数学的認識は具体的対象の一側面，即ち量的側面の把握であるといふ）且つ発展的な（数学的認識の発展は具体的対象の一側面への漸次的な且つ飛躍的な近迫であるといふ）観点の確定が必要であらう．これによって構成的なるもの，有限的なるものは，対立する非構成的なるもの，無限なるものと不可分に統一さるべき一モメントであるといふことが理解されるからである．[近藤 1939, p.78]

　ここで注目されるのは，近藤が「レアル」で意味していることが，現在の哲学で「実在論」と呼ばれているものと密接な関連をもちながらも，それとははっきり異なることである．当時（1930年代）のゲーデルの哲学的立場がどのようなものであったかは未だに論議があるが，後年のゲーデルがはっきりと数学的実在論に与したことは今ではよく知られている．近藤のスコーレム批判の基調は，スコーレムが「数学的対象の Realität」を軽視し，「数学的認識とはこれら real な対象を数学概念及びオペレーションを通じて次第に深く豊富に把握して行く過程であるという事態」を無視している [近藤 1939, p.75] という点にある．こうした言い方は，近藤の立場が，ゲーデルと同様の数学的実在論の立場なのではないかと思わせよう．だが，「数学的対象の Realität」ということで近藤が意味することは，数学的実在論者のそれであるよりは，むしろマルクス主義的唯物論の観点からの数学的対象観である．連続集合——連続体の濃度をもつ集合——がレアルであるということの根拠は，「連続集合の表象が**現実の連続**した物質からの抽象によって成立した」[近藤 1939, p.75] [10] ということに求められる．このような意味での「レアル」であるからこそ，一見唐突にしか思えない「認識の発展」といった視点と結び付くのである．

　しかしながら，こうした結論も，それに先立つスコーレムの批判が妥当なものでなければ，説得力を欠くだろう．そして，残念なことに，この論文におけるスコーレムの批判は決して妥当とは言えない．この「批判」に問題があることは，たとえば，つぎのような箇所から明らかである．

---

10)　強調は原文のまま．

> スコーレムはすべての数命題の系列化が可能なりとするが，これは，変項は B〔＝基本領域〕全体に関連するものばかりではなく，B の部分領域について導入される変項も可能であり，すべての数命題を列挙するためには，これらすべての変項を考慮しなければならなくなり，そして理論の展開によって構成が例へば冪集合構成によってといふことを看過してゐるのである．[近藤 1939, p.66]

レーヴェンハイム＝スコーレムの定理は，1 階の形式言語の表現力についての定理である．超可付番個の変項をもつような言語は，形式言語ではありえない．このような無限的言語を最初から仮定することができるのならば，数学理論の形式化ということには，いったいどんなポイントがあるのだろうか．

近藤は，スコーレムの「パラドクス」の根底には記号の指示作用についての無理解があると考えている．先に引用した部分に続けて，近藤はつぎのように述べる．

> この看過の原因は，実際我々の用ゐる記号やオペレーションの数が可付番であるといふ事情にあるが，然し記号やオペレーションが可付番であることは，前述の如くそれらによって表示される対象やそれらの関係の個数が可付番であることを保証するものではなく，却って可付番の記号やオペレーションでそれ以上のものを把握し得るといふところに概念の力があるのである．（中略）然し我々は記号の一般的法則的な指示機能によって，対象及びそれらの関係を，これらのもってゐる普遍的な性質に従って，言はば法則的に把握するのである．[近藤 1939, pp.66–67]

こうした主張がもつ問題は，ここで言われている「概念の力」や「記号の一般的法則的な指示機能」というものが何であるかが，いっこうに明らかにされていないことにある．それが明確にされない限り，こうした主張は，公理的集合論の標準モデルは，完全には記述し尽くせず，何らかの直観を介してしか把握されないと言うことと何ら変わりない．

さもなければ,つぎのような議論が可能だろう[11]. 最低限の自然数論を含むようなどんな理論に関しても,その非標準モデルが存在することが,ゲーデルの不完全性定理から帰結する[12]. そうすると,自然数についてわれわれのもっている観念というものは,それについて何が成り立つかを述べるだけでは捉えられないということになる. それに対して,「そんなことはない,記号の一般的法則的指示機能というものがあり,それによって,われわれは自然数を法則的に把握しているのだ」と言ったとしても,つぎのように言い返されるだろう.——記号の一般的法則的指示機能とはどんなものであるかを述べることができなくてはならない. よって,もともとの理論 T に,記号の一般的法則的指示機能についての理論 S を付け加えた新しい理論 T' を考えよう. もしも T' が無矛盾ならば,T' にもまた非標準的モデルがある. したがって,記号の一般的法則的指示機能というものが,少なくとも,述べうるものであるならば,そうしたものを持ち出しても事態はまったく変化しない.

このように,近藤のこの論文は,独自の観点を擁護することに結局は成功していない[13]. だが,数学についての一般的なお話をするのではなく,数学者自身によって試みられた基礎付けの企ての具体的な細部にまで付き合おうとした点で,1930 年代後半に書かれた近藤の一連の論文は先駆的なものであったと言えよう.

---

11) この議論は [Dummett 1963] に負う.
12) 第一不完全性定理によれば,そうした理論 T において証明も反証もできないにもかかわらず,真であるとわれわれが認識できる命題 G が存在する. G が T で証明も反証もできないということは,G が T のすべてのモデルで真であるわけではないことを意味する. だが,他方でわれわれが G が真であると認識できるのは,G が T の意図されたモデル,つまり,標準モデルで真であると認識できるからである. よって,G が真でないような T のモデルは,T の非標準モデルである.
13) 近藤がここで表明しているような立場はむしろ,数学史的探究によって擁護される可能性の方が高いと思われることと,近藤が以後もっぱら数学史にその研究の中心を移したこととのあいだには,当然つながりがあるだろう. 前掲の [佐々木 1994] 参照.

3 結びに代えて

西田幾多郎は，最晩年の 1944 年から 1945 年にかけて，数学の哲学に関連して三篇の論文を書いている．「論理と数理」，「空間」，「数学の哲学的基礎付け」がそれである．この三篇すべてを収録した『西田哲学選集 第二巻 科学哲学』の「解説」で野家啓一は，つぎのように書いている．

> ヒルベルトの無矛盾性の証明に的確な理解と論評を加えながらも，その「ヒルベルトのプログラム」に否定的結果を突きつけた「不完全性定理」に象徴されるゲーデルの業績に一言の言及もないことは，その当時としてはやむをえないこととはいえ，やはり西田の数学論の限界を示すものであろう．[野家 1998, p.469]

西田の数学の哲学について野家の言うところは，教えられるところの多いものである．しかし，私はひとつ疑問に思う．「その当時としてはやむをえない」というのは本当だろうか．『哲学研究』の読者がどれぐらいいたのか，また，そのうちのどれだけが近藤の論文を実際に読んだのかはわからない．だが，こうした論文の存在が示すことは，数学の基礎をめぐる議論の状況はかなり正確にわが国にも伝わってきており，それゆえ，そうした情報は手の届かないほど遠いところにあったわけではない，むしろ，ごく身近なところにあったということである．

参考文献

[Anderson 1964] Anderson, A. R. (ed.), *Minds and Machines*, Prentice-Hall (1964).

[Ayer 1936] Ayer, A. J., *Language, Truth and Logic*, Victor Gollancz (1936). 邦訳：エイヤー, A. J., 吉田夏彦訳『言語・真理・論理』岩波書店 (1955).

[Benacerraf 1967] Benacerraf, P., "God, the devil, and Gödel", *The Monist*, **51** (1967), 9–32.

[Benacerraf and Putnam 1964] Benacerraf, P. and Putnam, H. (eds.), *Philosophy of Mathematics: Selected Readings*, Prentice-Hall (1964); 2nd ed. Cambridge Univ. Press (1983).

[Bernays 1935] Bernays, P., "Quelques Points de la Métamathématique", *L'Enseignement Mathématique*, **34** (1935), 70–95. 邦訳：ベルナイス, P., 三田博雄訳「超数学の本質に就て」,『哲学研究』第 21 巻第 252 号（1936 年 6 月）, 60–82.

[Carnap 1928] Carnap, R., *Der Logische Aufbau der Welt*, Weltkreis-Verlag (1928).

[Carnap 1934] Carnap, R., *Logische Syntax der Sprache*, Springer (1934).

[Carnap 1963] Carnap, R., "Intellectual autobiography", in: Schilpp, P. A. (ed.), *The Philosophy of Rudolf Carnap*, Open Court (1963), pp.1–84.

[Coffa 1991] Coffa, J. A., *The Semantic Tradition from Kant to Carnap*, Cambridge Univ. Press (1991).

[Dawson 1984] Dawson, Jr., J. W., "Discussion on the foundations of mathematics" *History and Philosophy of Logic*, **5** (1984), 111–129.

[Dawson 1997] Dawson, Jr., J. W., *Logical Dilemmas: The Life and Work of Kurt Gödel*, A K Peters (1997).

[Dummett 1963] Dummett, M., "The philosophical significance of Gödel's theorem", *Ratio*, **5** (1963), 140–155; Reprinted in Dummett, M., *Truth and Other Enigmas*, Duckwell (1978). 邦訳：ダメット, M., 藤田晋吾訳『真理という謎』勁草書房 (1986) 所収.

[Feferman et al. 1995] Feferman, S. et al. (eds.), *Kurt Gödel Collected Works, Volume III, Unpublished Essays and Lectures*, Oxford Univ. Press (1995).

[Friedman 1999] Friedman, M., *Reconsidering Logical Positivism*, Cambridge Univ. Press (1999).

[Gentzen 1938] Gentzen, G., "Die gegenwärtige Lage in der mathematischen Grundlagenforschung", *Forschungen zur Logik und zur Grundlegung der exakten Wissenschaften*, Neue Folge, Heft.4. (1938), 5–18.

[Goldfarb and Ricketts 1992] Goldfarb, W. and Ricketts, T., "Carnap and the Philosophy of Mathematics", in: Bell, D. and Vossenkuhl, W. (eds.), *Wissenschaft und Subjektivität / Science and Subjectivity*, Akademie Verlag (1992), pp.61–78.

[Grassl 1982] Grassl, W. (ed)., *Friedrich Waismann: Lectures on the Philosophy of Mathematics*, Rodopi (1982).

[Hempel 1945] Hempel, C. G., "On the nature of mathematical truth", *The American Mathematical Monthly*, **52** (1945), 543–556. Reprinted in [Benacerraf and Putnam 1964], pp.377–393.

[飯田 1989] 飯田隆『言語哲学大全 II 意味と様相（上）』勁草書房 (1989).

[飯田 1992] 飯田隆「不完全性定理はなぜ意外だったのか」,『科学基礎論研究』**20** (1992), 135–142.

[飯田 1995] 飯田隆（編）『リーディングス　数学の哲学　ゲーデル以後』勁草書房 (1995).

[飯田 2004] 飯田隆「文の概念はなぜ必要なのか」,『哲学の探求』**31** (2004), 119–131.

[近藤 1937] 近藤洋逸「自然数論の無矛盾性証明——G・ゲンツェンの業績——」,『哲学研究』第 22 巻第 255 号（1937 年 6 月）, 65–88; 第 256 号（1937 年 7 月）, 84–107.

[近藤 1939] 近藤洋逸「数学『基礎論』——その基本問題と意義——」,『哲学研究』第 24 巻第 281 号（1939 年 8 月）, 53–80; 283 号（1939 年 10 月）, 58–67; 285 号（1939 年 12 月）, 57–79.

[Kreisel 1971] Kreisel, G., "Review of *The Collected Works of Gerhard Gentzen*", *Journal of Philosophy*, **68** (1971), 238–265.

[Lucas 1961] Lucas, J. R., "Minds, machines and Gödel", *Philosophy*, **36** (1961), 112–127. Reprinted in [Anderson 1964], pp.43–59.

[Nagel and Newman 1958] Nagel, E. and Newman, J. R., *Gödel's Proof*, New York Univ. Press (1958). 邦訳：ナーゲル, E.・ニューマン, J. R., 林一訳『数学から超数学へ』白楊社 (1968)（現在, 同じ出版社から『ゲーデルは何を証明したか——数学から超数学へ』というタイトルで出ている）.

[野家 1998] 野家啓一（編）『西田哲学選集 第二巻 科学哲学』燈影社 (1998).

[Oberdan 1992] Oberdan, T., "The concept of truth in Carnap's *Logical Syntax of Language*", *Synthese*, **93** (1992), 239–260.

[小野 1940] 小野勝次「数理哲学の諸問題（三）」,『哲学雑誌』第 645 号 (1940), 685–705.

[小野 1941] 小野勝次「学界展望——数学基礎論の問題」,『科学』第 11 巻第 12 号（1941 年 11 月）, 480–482.

[Parsons 1995a] Parsons, C., "Platonism and mathematical intuition in Kurt Gödel's thought", *The Bulletin of Symbolic Logic*, **1** (1995), 44–74.

[Parsons 1995b] Parsons, C., "Quine and Gödel on analyticity", in Leonardi, P. and Santambrogio, M.(eds.), *On Quine. New Essays*, Cambridge Univ. Press (1995), pp.297–313.

[Penrose 1989] Penrose, R., *The Emperor's New Mind*, Oxford Univ. Press (1989). 邦訳：ペンローズ, R., 林一訳『皇帝の新しい心』みすず書房 (1994).

[Penrose 1994] Penrose, R., *Shadows of the Mind*, Oxford Univ. Press (1994). 邦訳：ペンローズ, R., 林一訳『心の影』全 2 冊, みすず書房 (2001/02).

[Putnam 1960] Putnam, H., "Minds and machines", in: Hook, S. (ed.), *Dimensions of Mind: A Symposium*, New York Univ. Press (1960). Reprinted in Putnam, H., *Philosophical Papers 2: Language, Mind and Reality*, Cambridge Univ. Press (1975), pp.362–385.

[Putnam 1995] Putnam, H., *The Bulletin of the American Mathematical Society*, **32** (1995), 370–373.

[Richardson 1998] Richardson, A., *Carnap's Construction of the World: The Aufbau and the Emergence of Logical Empiricism*, Cambridge Univ. Press (1998).

[Rosenbloom 1950] Rosenbloom, P., *The Elements of Mathematical Logic*, Dover (1950).

[佐々木 1994] 佐々木力「近藤洋逸──数学史家の誕生」,『近藤洋逸数学史著作集 第1巻 幾何学思想史』日本評論社 (1994) 所収.

[Shapiro 1998] Shapiro, S., "Incompleteness, mechanism, and optimism", *The Bulletin of Symbolic Logic*, **4** (1998), 273–302.

[Szabo 1969] Szabo, M. E., (ed.), *The Collected Papers of Gerhard Gentzen*, North-Holland Publishing Company (1969).

[高橋 1999] 高橋昌一郎『ゲーデルの哲学──不完全性定理と神の存在論』講談社現代新書 (1999).

[田辺 1964] 田辺元「数理の歴史主義展開」,『田辺元全集』第12巻, 筑摩書房 (1964).

[戸田山 2004] 戸田山和久「心は（どんな）コンピュータなのか──古典的計算主義 VS. コネクショニズム」, 信原幸弘（編）『心の哲学 (2) ロボット篇』勁草書房 (2004) 所収.

[Turing 1964] Turing, A., "Computing machinery and intelligence", in: [Anderson 1964].

[van Heijenoort 1964] van Heijenoort, J., "Gödel's theorems", in: Edwards, P., *The Encyclopedia of Philosophy*, Vol.3, Macmillan (1964), pp.348–357.

[Wang 1974] Wang, H., *From Mathematics to Philosophy*, Routledge & Kegan Paul (1974).

[Wang 1996] Wang, H., *A Logical Journey: From Gödel to Philosophy*, MIT Press (1996).

[Wittgenstein 1978] Wittgenstein, L., *Remarks on the Foundations of Mathematics*, 3rd ed., Basil Blackwell (1978).

[ウィトゲンシュタイン 2003] ウィトゲンシュタイン, 野矢茂樹訳『論理哲学論考』岩波文庫 (2003).

III

ロジシャンの随想

第1章

プリンストンにて

私の基本予想とゲーデル

竹内外史

ゲーデルの最初の際立った仕事は完全性定理と不完全性定理である．

完全性定理はそれまでにすでに確立していた論理の体系——たとえばラッセル，ホワイトヘッドの大著『プリンキピア・マテマティカ』では論理の体系を確立して，その上でそれを用いて当時の現代数学がすべてその論理体系のなかで展開されることが実証されている——その論理の体系が完全である[1]，すなわち論理的に証明されるべきものがすべてその体系で証明されることが示されている．すなわちそこでの論理の体系が論理の体系として完成したものであることが実証されているのである．

つぎの不完全性定理は数理論理学なかんづく数学基礎論に決定的な影響をあたえたもので，以下ではこの不完全性定理の波紋について述べよう．

ゲーデルの不完全性定理の数学基礎論における最も大きな波紋は，ヒルベルトのプログラムに決定的な打撃を与えたことであった．

19世紀の後半にカントルは集合概念を提出して，素朴集合論[2]を創った．カントルの集合概念は抽象的な概念構成を容易にして，その上で高度の抽象的議論を可能にする．その点で，カントルの集合論は，現代数学の成立と発展のために必用欠くべからざる前提となった．カントルの集合論の強みは，直

---

1) 編者注：ここでの「論理」は，プリンキピアの型論理ではなく，その1階部分を指す．
2) 編者注：「公理的集合論」に対比される．素朴集合論では，無条件に集合の存在を認めたために種々のパラドクスが生じ，それらを排除するために公理的集合論が考案された．

観的に判断できるところにある．しかしその直観性にもかかわらず，カントルの集合論から矛盾が出てきた．

　ヒルベルトは深い洞察力をもち，常に問題の本質を考え，その本質を見通してから，解決するというのが本領であった．このヒルベルトにとって，抽象概念を自由自在に使える集合概念は，何にもかえがたい手段であった．
　集合概念とこのヒルベルト的数学が 20 世紀前半の現代数学を創り上げた時代精神であったといってよいだろう．
　この集合論から矛盾が出たのである．ヒルベルトはこの集合論の矛盾によって，彼の信ずる現代数学が損なわれることを何より恐れた．「カントルの創ったパラダイスをそうムザムザ離してなるものか」というのがヒルベルトの心境だったと言われている．
　ヒルベルトはつぎのヒルベルトのプログラムを提唱して，1920 年頃からその研究に専念した．
(1) 数学を形式化して数学を形式的な体系として取り扱う．このためにヒルベルトの立場は形式主義と呼ばれている．
(2) この形式化された体系では，命題は，基本的な命題を表す記号，変数を表す記号，論理概念を表す記号など特定な記号によって定まる図形であって，数学の推論，証明は，すべてこの記号の集まりの図形に対する具体的なルールとして記述される．
(3) このような具体的に考えられ形式化された証明に対する議論としては，素朴でもっとも信頼できるものだけを許容する．
　　すなわちここで現存する図形はすべて有限個の記号からなる具体的な図形である．それについて有限な具体的推論だけを許容する．このためこの立場は有限の立場と呼ばれる．
(4) 形式化される数学の基礎付けを，その形式的体系のなかで矛盾が出ないこと，すなわちその体系が無矛盾であることを有限の立場で証明することによって遂行する．

ヒルベルトのもとには，ベルナイス，アッカーマン（アッケルマン），フォン・ノイマン，エルブランなどの英才が集まっていた．1930 年までのこのヒルベルトおよびヒルベルト学派はヒルベルトのプログラムをつぎの段階まで遂行していた．
(1) 論理についての研究，もっと詳しくいえば述語論理についての研究は完全に完成していた．すなわち現在のわれわれの知識の段階に到達していた．
(2) 弱い自然数論の無矛盾性の証明がフォン・ノイマンによって証明されていた．ここで弱い自然数論というのは，数学的帰納法を，∀や∃を含まない命題に対する数学的帰納法に制限してできる自然数の体系を意味する．

この状態において 1931 年にゲーデルの不完全性定理が現れたのである．不完全性定理はつぎの二つの定理を意味する．
(1) 算術を含む無矛盾な公理体系は必ず決定不可能な命題を含む．しかもその命題は算術の記号で表された算術についての命題である，すなわちその体系でイエスともノーとも証明できない算術の命題が存在する．
(2) 算術を含む無矛盾な公理系では，その無矛盾性（を算術の言葉で形式化した命題）を証明することができない．

最初の定理は，とくにヒルベルトのプログラムに関係した定理というわけではないが，数理論理学全体に対する基本的なまず第一に確立しなければならない定理で，しかし当時ゲーデル以前に誰も考えなかった大定理であった．第二の定理がヒルベルトのプログラムに致命的な影響を与えた大定理だった．有限の立場での推論は素朴で初等的なものである．算術のなかで形成化できない推論は通常ではなかなか考えられないといってよい．その意味で，このゲーデルの不完全性定理はヒルベルトのプログラムがほとんど実行不可能であることをいっているといってもよいのである．しかしゲーデルは彼の論文の最後に，彼の結果はヒルベルトのプログラムの可能性を完全に否定したものではない，と書いている．またヒルベルトは，1934 年のヒルベルト・ベルナイスの『数学の基礎』の序文でつぎのように書いている．

「ゲーデルの定理によって数学の基礎付けについての私のプログラムがダメになった」という意見は完全に誤りであることが判明した．ゲーデルの定理は，無矛盾性の証明における有限の立場をもっと鋭く用いなければならないということを言っているだけなのである．

しかし，不完全性定理が，有限の立場における無矛盾性の定理がいかに困難なものであるかを明白にしたことはまぎれのない事実であって，ヒルベルト学派の俊英であったフォン・ノイマンはこの定理によって数学基礎論の研究をやめてしまい，数学の別の分野に変わって行って，そこから見事な成果をあげたのであった．

有限の立場での無矛盾性の証明について，ゲーデルが不完全性定理の論文で述べたこと，さらに上のヒルベルトの言明は正しく，1936年にゲンツェンは自然数論の無矛盾性の証明を完成した．しかしゲンツェンの有限の立場での証明には順序数 ε_0 まで超限帰納法が用いられている．ここでの有限の立場は当初ヒルベルトが思いえがいたよりは，はるかに強いものである．

ゲンツェンが ε_0 までの超限帰納法を用いて自然数論の無矛盾性を証明したのは，ゲーデルの不完全性定理がその発生の大きな原動力となっていたと私は思っている．

すなわちゲンツェンは算術の無矛盾性の証明を考えるときに，ゲーデルの不完全性定理によって初等的な有限の立場では算術の無矛盾性の証明ができないことを知っていた．彼の自然数論においてもし矛盾への証明があったときに，より簡単な矛盾への証明があるというリダクション (reduction) を定義して，そのリダクションが有限回で終了して，最後の形はきわめて簡単な矛盾への証明でなければならず，そのようなものが存在しないことは明らかである，という証明を完成するためには，算術に含まれない何かが必要である．このことを不完全性定理によって知っていたのが，ε_0 までの超限帰納法を用いるという発想の原動力になっているのだろう．

したがって，ゲーデルの不完全性定理はヒルベルトのプログラムについての深刻な打撃を与えるとともに，その後の発展についての一つの動因になっ

ている．

　以下にゲーデルの不完全性定理とは別に，ゲーデルが私の基本予想について与えた影響を付加させてもらう．
　私が学生時代，私が在学していた東京大学では数学基礎論またはロジックは皆無であった．当時の東大の数学科は前期，中期，後期と分かれていて，後期には指導教官を選んで，その先生についた何人かの学生が週に1回先生の前で自分の勉強していることを話すというセミナーをしていた．
　私の選んだ先生は彌永昌吉先生で学生は5人いたから，5週間に一度話をして先生にきいていただくというシステムであった．
　私は東大入学当時から集合に関心をもっていた．しかしそれについての本を読んだこともなく，講義ももちろんなく，ときどきただぼんやりと実数の集合について考える程度であった．その結果私の選んだ題目はルージンの解析集合 (ensemble analytique) でセミナーではその話をし，ルージンの提出した三大問題を，夢中で考えていた．半年ほど悪戦苦闘したあげく，それは解けない問題だと確信した．それを彌永先生に説明して，「問題が解けないことを証明するのはどうしたらよいでしょうか？」と質問した．彌永先生は数学基礎論を勉強するようにと助言されてゲンツェンの名前を教えてくれた．
　ゲンツェンの論文に夢中になり，ゲンツェンの論文からゲーデルの仕事を知り，ゲーデルの完全性定理，不完全性定理，それに集合論の一般連続体仮説と選択公理についてのモノグラフを読んだ．
　私の研究生活のはじめのうちはこのゲンツェンとゲーデルを勉強した知識だけで過ごしたといっても過言ではないと思う．
　ゲンツェンは彼独自の論理体系 LK を提出した．私自身の考えではこの LK についての彼の基本定理 (Hauptsatz) が中心的な結果で，彼の自然数論の無矛盾性の証明はその応用だと思っている．
　彼の LK では式 (sequent) と呼ばれる

$$\Gamma \longrightarrow \Delta$$

なる形が用いられている．

ここで，Γ と Δ は formula（論理式）の有限列で，

$$A_1, \ldots, A_n$$

の形である．ここに $n = 0, 1, 2, \ldots$ である．

$n = 0$ の場合もあるので，

$$\Gamma \longrightarrow , \quad \longrightarrow \Delta, \quad \longrightarrow$$

の場合もある．

Γ を $A_1, \ldots, A_m$，Δ を $B_1, \ldots, B_n$ とすると，$\Gamma \longrightarrow \Delta$ の意味は，

$$A_1 \wedge \cdots \wedge A_m \longrightarrow B_1 \vee \cdots \vee B_n$$

となっている．ここに，$\wedge$ は and で，$\vee$ は or である．したがって，$m = 0$ の場合は，$B_1, \ldots, B_n$ のいずれかが成立する，を意味し，$n = 0$ の場合は，$A_1, \ldots, A_n$ から矛盾が生じる，を意味し，$\longrightarrow$ 自身は，'矛盾' を意味する．

LK の証明は $D \longrightarrow D$ なる形からはじめて，つぎのような推論を積み重ねて行われる．LK での $\wedge$ についての推論はつぎの形である．

$$\frac{A, \Gamma \longrightarrow \Delta}{A \wedge B, \Gamma \longrightarrow \Delta} \quad \text{または} \quad \frac{B, \Gamma \longrightarrow \Delta}{A \wedge B, \Gamma \longrightarrow \Delta}$$

$$\frac{\Gamma \longrightarrow \Delta, A \quad \Gamma \longrightarrow \Delta, B}{\Gamma \longrightarrow \Delta, A \wedge B}$$

また $\forall$ についての推論はつぎの形である．

$$\frac{A(t), \Gamma \longrightarrow \Delta}{\forall x A(x), \Gamma \longrightarrow \Delta} \quad t \text{ は任意の term（項）}$$

$$\frac{\Gamma \longrightarrow \Delta, A(a)}{\Gamma \longrightarrow \Delta, \forall x A(x)} \quad a \text{ は下式に存在しない自由変数}$$

もちろんすべての推論は上の式を仮定して，下の式を推論する，すなわち結論するものである．

この推論図から明らかなように，推論図の下式すなわち結論は，上式より複雑になっている．

実はただ一つだけそうならない例外の推論 cut（三段論法）があって，つぎの形である．
$$\frac{\Gamma \longrightarrow \Delta, D \quad D, \Pi \longrightarrow \Lambda}{\Gamma, \Pi \longrightarrow \Delta, \Lambda}$$
この推論には D が $\Gamma, \Delta, \Pi, \Lambda$ に比べて複雑な formula ならば，下式は上式より簡単になっている．

　ゲンツェンのこの LK の基本定理はある式が証明できれば，cut を用いないで証明できるというものである．

　この基本定理を用いれば，LK で矛盾，すなわち'　$\longrightarrow$　'が出てこないことは明らかである．なぜならば，cut のない証明図は，最初は $D \longrightarrow D$ で，それから推論を定めれば実質的に式のなかの formula の数が増えても減ることがないからである．したがって formula が一つもない　$\longrightarrow$　が証明されることはない．

　ゲンツェンは自然数論の無矛盾性，すなわち自然数論では　$\longrightarrow$　が証明されないことを証明した．しかし結果は上の基本定理の応用といってよいものである．なぜならば数学的帰納法の推論は最後の結果が矛盾　$\longrightarrow$　に到る場合はリダクションを繰り返して行くうちに有限図の cut に還元されるからである．

　私はゲンツェンの体系を高階の述語論理に拡張した体系を導入した．すなわち述語を表す変数 $\alpha, \beta, \ldots, \phi, \psi, \ldots$ を導入して，$\forall x, \exists y, \ldots$ の外にさらに $\forall \phi, \exists \psi, \ldots$ など'すべての命題 ϕ について $\cdots$'や'ある命題 ψ が存在して $\cdots$'と論理を高階に拡張してゲンツェンの論理体系 LK を高階の論理体系 GLC に拡張したのである．そこで基本予想として GLC でもすべての証明可能な式は cut を用いないで証明できることを提唱した．そしてもしこの基本予想が証明できれば，解析学の無矛盾性が証明できることを証明した．

　この私の予想に強い関心をもってくれたのはゲーデルであった．ゲーデルは私をプリンストンの高等研究所によんでくれて，私の研究を細かく聞いてくれた．話をしたあとで，私が黒板を消そうとすると，ゲーデルは消すなといって，"Do not erase" と印刷した校務員さん用の四角い板を黒板において，よく考えてみたいからといった．

任意の命題という概念は，任意の集合という概念とほとんど同じである．その意味で GLC では内包公理 (comprehension axiom)[3] が成立する．

　ゲーデルは GLC で可述的 (predicative) 内包公理に対応する推論の場合は cut の消去ができることをただちに理解したようだが，反面，非可述的 (impredicative) 内包公理に対応する推論の場合は cut の消去ができないのではないか？　と質問した．私は多くの非可述的内包公理に対応する場合は cut の消去が「実はその cut が非可述的内包公理に吸収される形でなくなってしまう」ことを説明すると，感心して初めて私の予想を信じて，支持してくれるようになった．

　そのつぎの年も，私は再び所員として高等研究所にいた．ゲーデルとの議論が何より私にはうれしかった．

　ある日，本館の前を散歩していると，見知らぬ人が本館から出てきた．私を見かけると，つかつかと私の所へやってきて，「あなたは竹内を知っているか？」と質ねた．私が，「私が竹内だ」と返事をすると，彼は，「私はシュッテだ」と自己紹介し，「今ゲーデルと会った．ゲーデルがあなたの基本予想を説明してくれて，それを研究するようにと助言された．」シュッテがドイツからプリンストンについたばかりの日であった．

　ゲーデルとシュッテがどのような話をしたのか，どのような助言があったのかは私は知らない．しかしシュッテはプリンストン滞在中に，私の基本予想と同様になるモデル論的な問題を発見してその同等性を発表した．それからしばらくして，シュッテのモデル論的な問題は高橋元男とプラヴィツによって証明された．これは私の望んだ証明論的な解決ではないが，とにかく基本予想は証明された．ここでゲーデルが直接証明にかかわったわけではないが，ゲーデルの基本予想への興味が解決の動因になったことは事実である．

---

3)　編者注：「内包公理」は，任意の formula $\phi(x)$ に対して，集合 $\{x : \phi(x)\}$ の存在を主張する公理．ここで，$\phi(x)$ が，（それと同等以上の型をもつ）ψ に関する $\forall \psi$ や $\exists \psi$ を含まないように制限したものを「可述的内包公理」という．また，最初の代表的な非可述的内包公理は Π_1^1 内包公理であり，竹内氏はこれに対する cut 消去を証明した．

私の基本予想の研究は Π_1^1 内包公理の場合までを証明して停止してしまった．研究の分野と方向を定めて，その第一歩を踏み出したといったところである．その後は新井敏康，ラティヤンによってまず Π_2^1 内包公理の場合に，それからさらに進んでいる．しかしその第一歩においてゲーデルの支援と激励は大きなものであった．

　ゲーデルと研究所で議論をし，研究の報告をするのは，私の研究生活で幸せなときであった．その会話のなかから数知れぬ大きな影響を受けている．

第2章

20世紀後半の記憶
数学のなかの構成と計算

八杉満利子

　私の印象では1950年代までは数理論理学者（ロジシャンと呼ぼう）の主な関心事は「数学の基礎付け」であった．その間に数学の基礎付けのためのさまざまな考察から生まれた概念や手法が，独立した研究分野として成立し，1960年代以降にさらに発展した．1963年のコーエンによる公理的集合論における独立性証明，その後の集合論やモデル理論などの成果には目覚しいものがあった．ブール代数の手法によるコーエンの方法の再定式化から派生したブール代数値解析学やロビンソンが提唱した超準解析学などの，数学への実質的な応用があった．その他にもいろいろあっただろう．ロジシャンの人口も増えた．Foundations of Mathematics（数学基礎論）という用語も研究分野としては見られなくなり，Mathematical Logic（数理論理学）という，より広い意味の用語のほうが普通になった．これは新しい用語ではないが，論理に関する数学の一分野としての研究内容が確立した，という認識を示すものであろう．ただし日本では，いまだに「数学基礎論」が数学会の分科会の名称に残り，「基礎論」が標語的に使われている．また，日本ではいまでも数学関係の学科・研究科の専攻のなかに数理論理学が確立していないが，アメリカでは遅くとも1960年代には多くの数学科にロジシャンが存在していた．
　このような状況であるから，20世紀後半の世界の数理論理学の動向のサーベイなどできるわけはない．とくに1960年代は，数理論理学が元気に息づいて活気のある時代であった，ということにとどめよう．

以下では，私が関わってきて，おそらくこのシリーズでは大きくは取り上げられないであろう三つのテーマについて，記憶をたどってみるとともに，私の実践的体験から得た観点をつづっていくことにする．

2.1 証明の論理的構造：証明論

1960 年代に元気のよかった分野の一つに証明論がある．ヒルベルトやゲーデルと本質的に関わることでもあり，また私自身研究上深く関わったことでもあるので，ここでゲーデル以後の証明論について，私見を交えて述べたい．

証明論とは，もともとヒルベルトのプログラムの遂行の手段であった．ゲーデルの不完全性定理発表当時に，証明論について一般にどのような見解があったのかはともかく，その後 30 年以上たった時期には，巷で無責任に「ゲーデルの不完全性定理によって証明論は死んだ」などといわれたものだ．私もある大学の談話会でこの通りの発言を聞いたことがある．もちろんそれは誤解というものだ．不完全性定理以後ようやく証明論が健全に発達できた，というのが私の見解である．あるいは，健全な証明論が発生した，というべきかもしれない．

「証明論」とは何をするものか．それは時代とともに変化している．もとはヒルベルトの思想の表現であり，その延長上にゲーデルの不完全性定理が生まれた．しかし現在では「証明論」はヒルベルトが意図したものよりも広い，というより，数学の基礎付けという「数学についての観察的視点」から，「数学の形式的体系を研究対象とする数学」になっている．ゲーデルの不完全性定理はヒルベルトの思想の延長上に誕生したものではあるが，数学の形式的体系に関する数学的考察という意味では，現代的証明論の源ともいえる．「証明論」とともに聞く，あるいは読む，ことばが「無矛盾性証明」だ．一時期はこれらがほとんど同一の意味をもっていた．これらの事情は，不完全性定理の解説など，このシリーズの主要な巻にあるものと思うので，ここでは簡単に全体の流れを述べておきたい．

ヒルベルトのいう証明論とは，数学を形式的体系で表現して，その体系を

通して数学について考察することだった，といえるだろう．具体的には，有限の立場で形式的体系の無矛盾性を示すことであった．この意味で証明論と無矛盾性証明はほとんど一体のものだったのだろう．

不完全性定理の対象となったのは，実数論も含む数学の形式的体系である．不完全性定理は，その体系の「無矛盾性の仮定」（実際には「ω無矛盾性の仮定」）から，ある帰結を導いた．他方，この（ω）無矛盾性を何らかの方法で示すことは，また別の問題である．第二不完全性定理によれば，実際に無矛盾な体系の無矛盾性証明はその体系のなかでは実行できない．したがって厳密な意味での有限の立場では実行できない，ということになる．それをもって証明論の終焉，とはいかなかった．不完全性定理は結果的には，形式的数学体系の証明に関する研究が発展する源泉になったものと，私は認識している．そういうことをゲーデルやヒルベルト・スクールの人々が予感したかどうかは知らないが，少なくともゲーデルは無矛盾性証明を無意味とは考えていなかったと思う．後で説明するダイアレクティカ解釈の論文を出版したという事実からも，私はそう推測する．

ゲーデルによって，無矛盾な形式的数学体系の，厳密な有限の立場による無矛盾性証明は不可能であることが示されたために，有限の立場をゆるめる必要がはっきりした．厳密な意味での有限の立場という呪縛から解放されて，形式的数学体系についての研究内容が自由度を得た，ということになる．また，不完全性定理によって，各種の形式的数学体系の無矛盾性証明に使用される手段の強さの程度を測る必要性が生じた．終焉どころか，タスクが増えて忙しくなったのだ．

不完全性定理の数年後に出版された，ゲンツェンによる，自然数論の体系の無矛盾性証明が，新しい証明論の第一歩になった [Gentzen 1936; 1938]．ゲンツェンは自らの無矛盾性証明の手法がゲーデルの結果に適合していること，すなわち対象になっている体系自体のなかではその手段の妥当性が証明できないこと，しかしその手法が必要最小限のものであること，をも示した [Gentzen 1943]．厳密な意味での有限の立場による無矛盾性証明しか認められない時代には，このような発想は湧かなかっただろう．

第一不完全性定理では，「数学的に正しいが，体系内では証明できない」命

題を構成してみせている．しかし，「正しい」と「意味がある」とはちがう．問題の命題が数学的に意味のあるものならば，それが証明できない体系は，そもそも数学者の立場からは研究に値しないだろう．実際には，ゲーデルの第一不完全性定理の決定不能命題は，現場の数学者 (working mathematician) にとって興味あるものではない．経験的事実として，いままでのところ現場の数学者にとって意味ある内容は何らかの形式的体系のなかで実現可能である．それゆえに形式的体系の構造の研究には意味があると考えてよい．

その後ドイツではシュッテ，日本では竹内外史がゲンツェンの場合よりも広い数学の体系の無矛盾性証明を遂行していった．当然ゲンツェンの場合よりもはるかに強い証明手段を使っている．両者とも数学の体系における論理的原理とその無矛盾性証明のための手段の相互関係なども研究している．それは，数学の基礎付けというよりは，形式的数学体系と無矛盾性証明手段である順序系についての数学的研究という側面が強い．

竹内は，「何らかの意味の有限の立場による無矛盾性証明」という思想的な面にこだわりをもっており，それを研究の原動力として，実際に多くの数学的成果をあげている．

シュッテや竹内の仲間なのか，ライバルなのか，証明論についてつねに一家言あったのがクライゼルだ．彼は人が集まれば，証明論について御宣託を賜るので，帝王と呼ぶ人もいた．数学の形式的体系に関するさまざまな考察をし，証明論研究に多大な影響を与えている．

無矛盾性問題にこだわらず，異なる数学の体系間の関係解明という，数学としての証明論を主張したのはフィファーマンであった．

1968年のバファローにおける国際会議のコーヒーブレイクで，竹内とフィファーマンが，証明論とは何するものぞ，あるいはどうあるべきものぞ，という議論をしていた．竹内はヒルベルトの精神を遵守した「有限の立場」の思想の重要性を主張し，フィファーマンは数学としての証明論を主張し，話は平行線をたどるのみだった．私にはどちらも有意義に思えたのだが‥‥．

伝統的な無矛盾性証明にこだわらずに発展した証明論には，無限言語をもつ体系の証明論などもあり，1960年代，70年代は証明論が自由に発展した時期といえる．

最近証明論の新しい展開が生じているようだがそれは，もしも 21 世紀の数理論理学というような企画でもできたら，そこに譲ろう．

最後に繰り返しておきたい．ゲーデルの不完全性定理はヒルベルトの証明論の延長上に生まれた．証明論なくしてはありえなかった．そうして，ゲーデルの不完全性定理の誕生によって，証明論は数学の基礎付けという束縛から解放され，数学の形式的体系の数学的研究，という新しい生命を吹き込まれたのだ．

2.1.1 形式的体系と証明論

数学の形式的体系としてはもっとも簡単な「自然数論の体系」を題材にして，その無矛盾性証明とはどのようなものかを，大まかに述べておこう．それによって，証明論の一端を垣間見ていただけることを願う．

はじめに，自然数論の形式的体系 PA（1 階古典算術，ペアノ算術，などと呼ばれる）を導入しよう．簡単のために定数記号は 0，関数記号は $'$（次の数）と $+$（足し算）と $\cdot$（掛け算），述語（関係）記号は $=$，のみから出発することにする．したがって論理式は，$s = t$（s, t は定数記号および変数記号から関数記号によってつくられる項）という基本論理式から，1 階の述語論理の論理式と同じように，論理記号 $\neg$（否定），$\wedge$（そして），$\vee$（または），$\Rightarrow$（ならば），$\forall$（すべての），$\exists$（ある）を使ってつくられる．基本論理式はその自然な解釈において決定可能である．すなわち s, t が変数をもたないとき，$s = t$ が正しいかどうか，を判定できる．PA は定数記号，関数記号，等号についての基本性質および数学的帰納法を公理とし，通常の（古典的）述語論理によって定理を導く証明体系である．ここでいう証明とは，論理式のいくつかをある法則にしたがって並べた図形である．このために「証明図」と呼ばれる．証明図の最後の論理式が定理と呼ばれる．記号を数学の記号として読みかえれば，論理式は数学の命題として理解でき，公理は正しい数学的内容になり，証明図はその定理の論理的または数学的な証明になる．

このような体系の無矛盾性証明というのは，この体系で「$0 = 1$ が証明されない」ことを示すことである．それを示すために，まず，体系で証明される数学の命題，すなわち定理，の証明の複雑度を数値で表す．証明の複雑度

は，数学的帰納法とか論理記号についての推論などの出現具合で測る．ここで数値とは，順序数と呼ばれる，自然数またはその延長の無限の数のことである．ある証明を，できるだけ無駄を省くように変形していくと，順序数が減少してゆく．とくに，もしも $0=1$ の証明があると仮定すれば，それをできるだけ簡単にしてゆくと，実は複雑度が 0 になってしまう．ところが複雑度が 0 であるような証明とは，$s=t$ の形の正しい等式に関する簡単な推論だけからつくられているはずだ．そんなものからは $0=1$ は証明できるはずがない，ということが容易に分かる．したがって「$0=1$ が証明可能だ」という仮定が無に帰してしまう… という筋書きなのである．

ゲンツェンは自然数論の形式的体系の無矛盾性を，ε_0 と呼ばれる順序数に関する「超限帰納法」を使って示した．

上述のように，ある定理の証明の複雑度を下げていって，同じ定理のもっとも簡単な証明に行きつき，そのような証明の構造からさまざまな結論を導く方法は「還元法」と呼ばれている．

還元法の普遍的技術は，ゲンツェンが述語論理について証明した「カット除去定理」の証明方法にある．カット除去定理とは，カットと呼ばれる推論なしでも述語論理のすべての定理が証明できる，というものである．

カットとは三段論法の拡張で，「A ならば B」と「B ならば C」から「A ならば C」を結論してよい，という推論規則である．普通に考えても，これは妥当な推論だろう．

しかしカットを使うと，「A ならば C」という定理をみても，途中で何を使ったのか明らかではない．途中で B を使ったのか D を使ったのか，何も使わなかったのか，実際の証明の提示がなくて「これは定理ですよ」と言われただけでは分からない．

ゲンツェンの論理体系における証明図は，そのなかでカットが使われていなければ，定理の一部分である論理式だけが現れるようにできている．それゆえに，カットさえなければ定理をみて途中経過が推測できる．その一つの帰結として，矛盾が証明されないことがただちに分かる仕組みになっている．カット除去は上述の B のようにカットアウトされる論理式の複雑度にしたがって遂行される．

2.1.2 還元法による証明論

ゲンツェンの方法を踏襲して，還元法で幾多の成果をあげたのが，竹内である．竹内はゲンツェンの使った順序数よりもはるかに大きい，しかし初等的な方法で定義できる順序数の体系を考案し，実数論の一部分である「Π_1^1 算術」という体系の無矛盾性証明を 1967 年に発表した [Takeuti 1967]．これは自然数論を本質的に越えた体系の還元法による無矛盾性証明の先駆けとなった．その後私もお手伝いして，もう少し強い「Δ_2^1 算術」と呼ばれる体系の無矛盾性までこぎつけた [Takeuti and Yasugi 1973]．ここで体系の強弱というのは，自然数の集合のうちどのようなものの存在を主張するか，という意味である．その存在を記述する論理式の複雑さがその集合の複雑さの基準になる．複雑な集合の存在を主張すれば，その体系は強くなり，その強さを表現する順序数は大きくなる．

多くの数学的な成果をあげながら，先にも述べたように，竹内は「有限の立場」にこだわり続けている．もちろんもとの狭い意味の有限の立場ではない．しかし，それではどんな立場なのか．それは，少なくとも私にとっては明確なことではなかった．私の中では，本人の多大な数学的研究成果と有限の立場という思想へのこだわりとが，一致しなかったのだ．

私なりの解釈，というのはある．ゲンツェン・竹内流の還元法による無矛盾性証明の本質は，つぎのように考えることができる．ある証明図が与えられたとき，還元法によって証明の複雑度を下げていって，やがてそれ以上簡単化できないものに到達することを示す．そのような到達点の存在を保証するために，ある計算の仕組みを設定し，最初の証明図を入力すると，計算が始まって，やがて停止し，簡単化された証明図が出力される．その出力が矛盾を含まないことを確認すればよい．

ここで問題になるのは，その計算の仕組みである．その計算の仕組みを，多くの数学者が共有・共感できるように表現すべきである．なぜならば無矛盾性証明で有限の立場を超えるのは，その点だけだからだ．

以上が，私の「無矛盾性証明」についての解釈である．勝手な推測をするならば，竹内には上述の計算の仕組みの表現方法について独特のこだわりが

あるのではないだろうか．私にとっては自然数論の体系の場合には，ゲーデルの計算可能汎関数がその仕組みであり，Π_1^1 算術の体系の場合には私なりの解答を出したつもりだ [Yasugi 1985/1986].

竹内の回想録 [竹内 1998] によれば，スマリヤンによって「二人あわせて TakéSchütte か？」と冗談を言われたという．そのシュッテを中心とするドイツ学派は，集合論的な順序数の構成方法を使い，いったん大きな順序数をつくっておいてそれを「つぶす」という方法 (collapsing method) を考案し，シュッテ流に算術の体系を定義して，還元法によって竹内よりも複雑な体系の無矛盾性証明に成功した．

2.2　構成的数学とゲーデルの着想

ブラウワーの思想として知られる「直観主義 (Intuitionism)」に基づく数学は，ハイティングによって整理された [Heyting 1956]．直観主義の論理体系は古典論理同様古くから整備されている．簡単にいえば，直観主義論理は通常の古典論理から排中律を除いたものである．その結果，ある性質をもつオブジェクトが存在する，と主張するときには，そのオブジェクトを提示できる仕組みになっている．

自然数論の体系の直観主義的算術の体系への埋め込みにより，自然数論の体系の無矛盾性が直観主義的算術の体系のそれに還元されることは，ゲーデルがすでに示していた．ゲーデルはこのことを利用して，1958 年出版の論文で，自然数論の無矛盾性証明の新しい提案をした [Gödel 1958]．無矛盾性問題を「有限の型の計算可能汎関数」の計算の停止性に帰着させる考え方である．これは出版雑誌の Dialectica にちなんで，ゲーデルの「ダイアレクティカ解釈 (Dialectica-interpretation)」と呼ばれる．私はこの論文を読んだときから直観主義数学に関わることになった．ダイアレクティカ解釈に私が触れたのは，竹内外史先生がプリンストン高等研究所から帰国されて，ダイアレクティカ論文を東京教育大学（当時）のセミナーで紹介されたときである．土曜日ごとに教育大学で都内のロジシャンが集まって，数理論理学関係のさ

まざまな話題について話あっていた．大学院生であった私も参加することができた．

ゲーデルのダイアレクティカ解釈の出版より前から，「無反例解釈 (no-counterexample interpretation)」と呼ばれる手法が研究されており，1959年にはクライゼルが詳細に理論を展開している [Kreisel 1959]．やはり有限の型の計算可能汎関数による解釈であるが，ダイアレクティカ論文は引用されていない．

形式的体系としての直観主義的算術は証明論的によく研究されていた．しかし 1960 年代前半までは，直観主義によって意味のある数学を展開できる，とはあまり信じられていなかったと思う．かなりの偏見もあった．「直観主義論理で展開する数学なんて，かなり不自由なものだろう」という私の元同僚の発言が，一般的なムードを代表していた．

1967 年にビショップによる『構成的解析学の基礎』という本が出版されてから，急に様子が変わった [Bishop 1967]．直観主義的でなく「構成的 (constructive)」と名づけた理由も，constructive という用語がいつはじめて使われたのかも，私は知らない．しかしこの後直観主義という用語はほとんど使われなくなり，構成的という用語はよく使われるようになった．

ビショップの本については，構成的原理を使って解析学の前線まで展開したこともあって，論理学と無関係な数学者も興味をもち，実際に読んだのかどうかはともかく，「ビショップの本が出たのだから，もう数学の基礎付けは不要である」という説を唱える人もいた．他人の本心は分からないが，ビショップが構成的数学の著書を表したのは数学に関する思想の表現であった，らしい．

ビショップの功績は，微分積分などにとどまらず解析学の先端まで構成的原理で再構築したことにある．優れた解析学者であったビショップだからできたことだ．ビショップのしたことは，形式的数学体系における証明図作成というような現場の数学者になじみの薄いものでなく，通常の数学のスタイルで構成的数学を展開してみせたことだ．数学的オブジェクトの存在の証明に際して，そのオブジェクト自体あるいはそのオブジェクトのつくり方を具体的に構成することに，その本質がある．一般の数学者になじみにくい箇所は，そうしてつくったオブジェクトが要求を満たすことの証明も構成的にしなけれ

ばならないことだろう．なにしろ排中律あるいは背理法を一般には使えないのだ．

その後一般の数学者が構成的数学に乗り出した，というわけではない．「そういう本がビショップによって書かれた」ということへの興味で終わった．10年もたてば，そのような声も聞かれなくなった．それでもビショップ流の構成的数学は現在まで受け継がれている．

構成的論理の形式的体系は古くから研究対象になっていた．初期には主に基礎論的興味から，その後は数学的興味から，であった．それがいつのまにか計算機科学において一つの重要な手段になっていた．計算機科学において，プログラムの正当性をどのように確立するか，が主な関心事となった時期があった．すなわち，あるプログラムについて，それを走らせると計算が停止して，結果の出力が要求，すなわち仕様，を満たす，ということの，一般的な証明手段が求められた．計算が問題になるので，排中律や背理法があっては困る．構成的論理で証明される仕様があれば，その証明自体に正しい計算のアルゴリズムが内在している，と考えられた．ゲーデルやクライゼルの考えた構成的算術体系の汎関数による解釈は，抽象的にではあるかもしれないがまさにそのアルゴリズムに相当する．こうして構成的体系の証明論が自然に計算機科学のなかに入っていった．計算機科学はその後時代とともに主題も手法も変遷を重ねているが，1970年代から20年くらいは構成的体系の証明論的手法が計算機科学において開発された観がある．それはまた数理論理学にも新風をもたらした．

2.2.1　構成的算術の体系

先にも述べたように，前述のゲーデルの論文は1958年に *Dialectica*（ダイアレクティカ）というジャーナルに掲載された [Gödel 1958]．これに関して最近テイトが解説をしているので参照を薦めたい [Tait 2005]．

私がゲーデルのこの論文に接したのは，その主題についての歴史的背景や他の視点との関係などに思いを巡らせることができるようになる前だった．ほとんど予備知識のない者にとって，有限の型の汎関数，それらによる論理式の構成的解釈，いくつかの非直観主義的公理がこの解釈では真になること，

などに，新鮮な驚きを感じた．

構成的体系の汎関数による解釈は，計算機科学との関係もあり，また後述するスペクタとジラールによる 2 階算術，すなわち実質実数論の体系，の解釈にもつながるので，簡単に解説しておこう．

前節の自然数論の体系 PA から排中律を除いたものが自然数論の構成的体系（1 階構成的算術）である．ここでは習慣に習って HA（Heyting arithmetic の略）と呼ぶ．定義から当然 HA は PA の部分体系，すなわち，HA の定理（HA で証明できる論理式）は PA の定理ということになる．逆は必ずしも成り立たない．

ところが，ゲーデルの古い仕事にしたがえば，つぎのことが成り立つ．

> PA の論理式 F を，ある方法で PA において同値な論理式 F^G に翻訳する．このとき，PA の定理である論理式 F の翻訳結果 F^G は HA で証明できる．

この事実から順に以下のことが導かれる．

F と F^G は PA で同値なのだから，内容を考えれば，PA と HA は，PA の立場から見れば同等なものである．とくに矛盾を表す論理式の例である $0 = 1$ は翻訳によって変化しないので，$0 = 1$ が証明できるかどうかは，HA と PA とで同値である．$0 = 1$ が証明できないことを「無矛盾性」と呼ぶならば，HA の無矛盾性と PA の無矛盾性とは同値である．したがって，HA の無矛盾性を示すことができれば，それは PA の無矛盾性をも同時に示すことになる．

要するに，普通の自然数論の体系の無矛盾性証明のためには，その一部である構成的体系の無矛盾性を示せばよい．

これだけでは，PA の問題を HA に押し付けただけだ，と思われるかもしれない．そのとおりなのだが，HA が構成的であることから，HA の定理の証明には，その定理を「実現する」具体的な方法が内蔵されている．その事実を使って HA の無矛盾性証明を得ることができる，という事情がある．

HA の無矛盾性証明のために，ゲーデルはダイアレクティカ解釈と呼ばれる論理式の解釈（翻訳）を提唱したのである．

PA の HA への翻訳は，およそつぎのようなものである．命題 A と B について「A または B」という命題を「A でなくかつ B でない，ということはない」で置き換え，「A ならば B」を「A であってかつ B でない，ということはない」で置き換え，「A が成り立つようなオブジェクト x がある」を「すべてのオブジェクト x について A でない，ということはない」で置き換える．

正確な変形は「古典論理においては，論理記号はたとえば $\neg, \wedge, \forall$ のみでまにあう」という述語論理の初歩的事実に関することなので一応書いておくが，読み飛ばしても差し支えない．すなわち，$A \vee B$ は $\neg(\neg A \wedge \neg B)$，$A \Rightarrow B$ は $\neg(A \wedge \neg B)$，$\exists x A$ は $\neg \forall x \neg A$ とそれぞれ同値である．この置き換えを論理式全体で実行する．たとえば F が $\exists x \forall y (f(x) = g(y) \vee \forall u (h(x, u) = g(y)))$ ならば，F^G は

$$\neg \forall x \neg \forall y \neg (\neg f(x) = g(y) \wedge \neg \forall u (h(x, u) = g(y)))$$

である．

どの変形についても，元の命題と置き換えた結果とが同じ意味を表していることは，落ち着いて考えれば明らかなことだ．両者の相違はたとえば，「x が存在する」という積極的な発言が「どんな x についても A は成り立たない，ということはない」という消極的な発言になっていることにある．古典的には同じ意味でも，構成的には，存在するはずの x を見つけなければならないことと，見つからないはずがない，と発言するだけですむのとでは真実味が異なる，というわけなのだ．

2.2.2 有限の型の計算可能汎関数

それでは HA を解釈するための道具を準備しよう．まずは型である．データの型という概念はプログラム言語に触れたことがあれば既知であろう．整数型とか実数型などの基本型の上に，たとえば実数関数の型，つまり実数から実数への写像の型，関数を引数にする 1 階上の型，などがある．これを一般化して，関数の関数から関数への型，なども自由に定義できる．

ここでは一般の計算機言語と異なって，基本型としては自然数の型（**N** と書く）だけを採用する．型 **N** のオブジェクトは要するに自然数である．**N** を

基本に，入出力ともに型 **N** のオブジェクト，つまり自然数列の型 (**N** → **N**)，自然数列を入出力としてとる写像の型 ((**N** → **N**) → (**N** → **N**))，などが自由に定義される．これらの型を有限の型，それらの型をもつオブジェクトをその型の汎関数，と呼ぶ．呼称として自然数も（型 **N** の）汎関数と呼んでしまおう．

一般にたとえば，f_1, f_2 がそれぞれ型 τ_1, τ_2 のオブジェクトであるとき，f_1, f_2 を引数にとり，型 τ_0 のオブジェクト f_0 を出力する汎関数 F の型は $(\tau_1, \tau_2) \to \tau_0$ と表され，この関係は $F(f_1, f_2) = f_0$ と表される．F は f_1, f_2 に f_0 を対応させる対応規則と考えることができる．

有限の型の計算可能な汎関数とは，有限の型の汎関数の定義において，各段階で写像を「実行可能な対応規則」と読んで得られるものである．形の上では，自然数上の原始再帰 (primitive recursive) 関数の定義の有限の型への拡張になっている．この計算可能汎関数の等式の体系はゲーデルの体系 T として知られている．

たとえば自然数上の足し算 + については計算方法がよく分かっている．これは二つの自然数（型 **N** のオブジェクト）を引数としてとり，自然数を値として返す．すなわち + は型 (**N**, **N**) → **N** の汎関数とみることができる．計算機言語では + を引数の一つにして計算を行う関数をもっていることが多い．それは + の型と自然数の組の型から自然数に写す型をもつ汎関数とみなせる．また，カオス発生など汎用性のある「関数の反復」は，反復すべきルーティンを任意回数だけ繰り返せるもので，これが実関数についての原始再帰性の例である．

2.2.3 構成的算術体系のダイアレクティカ解釈

ゲーデルの着想である論理式の解釈のために，各有限の型に対して変数を用意し，型 τ の変数を x^τ などと書くことにする．HA の論理式 A についてそのダイアレクティカ解釈を，A^D と書くことにする．A^D は常に $\exists \mathbf{X} \forall \mathbf{Y} A'$ の形である．すなわち A^D は，「汎関数 $\mathbf{X}$ が存在して，任意の汎関数 $\mathbf{Y}$ について A' が成り立つ」という形になっている．ただし，A' は量化記号 ∀ も ∃ も含まない．こういう場合には，A' は「量化記号なし」という．また，∃**X** は

いくつかの（いろいろな型の）変数についての∃が並んだ $\exists x_1^{\tau_1} \exists x_2^{\tau_2} \cdots \exists x_k^{\tau_k}$ というものの省略形である．$\forall \mathbf{Y}$ についても同様である．

論理式 A のダイアレクティカ解釈 A^D への変形は，A のなかの論理記号の意味を構成的に表現するように，A の構成に関する帰納法で定義される．

A が量化記号なしの（$\forall, \exists$ をもたない）場合には，A^D は A そのものである．

以下簡単のために A^D と B^D がそれぞれ

$$\exists x_1^{\tau_1} \forall y_1^{\sigma_1} A'(x_1, y_1),$$

$$\exists x_2^{\tau_2} \forall y_2^{\sigma_2} B'(x_2, y_2)$$

の形であるとしよう．$(A \wedge B)^D, (A \vee B)^D, (A \Rightarrow B)^D$ のそれぞれの形は，この順で以下のとおりである（一部型記号を省いてある）．

$$\exists x_1 \exists x_2 \forall y_1 \forall y_2 (A'(x_1, y_1) \wedge B'(x_2, y_2))$$

$$\exists a^{\mathbf{N}} \exists x_1 \exists x_2 \forall y_1 \forall y_2 ((a = 0 \wedge A'(x_1, y_1)) \vee (\neg a = 0 \wedge B'(x_2, y_2)))$$

$$\exists w^{(\tau_1, \sigma_2) \to \sigma_1} \exists z^{\tau_1 \to \tau_2} \forall x_1 \forall y_2 (A'(x_1, w(x_1, y_2)) \Rightarrow B'(z(x_1), y_2))$$

$(A \wedge B)^D$ は，A' と B' を $\wedge$ でつなぎ，$\forall, \exists$ を冠頭に出したもので，古典論理の変形と同じである．

$(A \vee B)^D$ については，構成的な意味で「A か B かどちらかが成り立つ」と主張するためには，実際に A が成り立つのか B が成り立つのか，ということを明示しなければならない．そのために自然数 a を計算し，$a = 0$ か $a > 0$ かによってどちらが成り立つのか判定できるようにする．その上で $a = 0$ の場合には A が成り立つことを示し，$a > 0$ の場合には B が成り立つことを示せ，ということを表している．

$(A \Rightarrow B)^D$ の変形のポイントはつぎのとおりである．一般に

$$\exists x \forall y A'(x, y) \Rightarrow \exists u \forall v B'(u, v)$$

が構成的に証明されたとき，その証明の過程で y は x と v に依存し，u は x に

のみ依存する．すなわちある汎関数 w と v について，$y = w(x, v), u = z(x)$ と表せる，と考えることができる．この事実が $(A \Rightarrow B)^D$ に反映されている．
$(\forall a^\rho A(a))^D, (\exists a^\rho A(a))^D$ はそれぞれつぎのとおりである．

$$\exists z^{\rho \to \tau_1} \forall a \forall y_1 A'(a, z(a), y_1)$$

$$\exists a \exists x_1 \forall y_1 A'(a, x_1, y_1)$$

$(\exists a^\rho A(a))^D$ は冠頭に $\exists a$ を加えただけである．

$(\forall a A(a))^D$ については，一般に $\forall x \exists y A'(x, y)$ が成り立つとき，y は x に依存する．そのような y を一つとって x の関数として $y = f(x)$ と書くことにすると，「ある汎関数 f があって，すべての x について $A'(x, f(x))$ が成り立つ」ことになる．$(\forall a A(a))^D$ はちょうどそれを表現している．この変形が，ダイアレクティカ解釈が $\exists \mathbf{X} \forall \mathbf{Y} A'$ の形になることの原因になっている．実際には x に対して y が一つ決まるとは限らないが，一つ選べるものとして，その選び方を f で表している．

2.2.4 構成的算術体系の無矛盾性

前項で説明した，HA の論理式 A に対するダイアレクティカ解釈 A^D は，もとの体系の言語の論理式ではない．HA では変数，したがって量化記号 $\forall x$, $\exists y$ などが，型 $\mathbf{N}$，すなわち自然数に関するものに限定されている．しかしダイアレクティカ解釈後の論理式では，変数は有限の型のものが認められ，量化記号も有限の型の変数に及ぶ．言語がちがうのだから，もとの算術の体系のなかでは扱えないものとなっている．したがって，A と A^D が同じ意味をもつ，と主張するには，A と A^D に意味を与えなければならない．

すでに説明したように，ダイアレクティカ解釈は論理式の構成的な意味を表現するように定義されている．ただしたとえば $\forall x \exists y A'(x, y)$ の解釈が $\exists z \forall x A'(x, z(x))$ であることは，単に選択公理の一種にすぎず，とくに構成的な意味を表現しているわけではない．したがって汎関数 z が構成的性質をもつようにしなければならない．その性質がゲーデルの「計算可能汎関数」なのだ．すなわち，入力 x に対して出力 $z(x)$ が「計算できる」ことを要求する．

ゲーデルはダイアレクティカ論文において，「構成的算術体系の定理は計算可能汎関数で実現できる」ことを示した．詳しくは以下のとおりである（簡単のために変数が2個の場合に説明している）．

A が構成的算術体系 HA の定理であるならば，そのダイアレクティカ解釈 $A^D \equiv \exists x^{\sigma_1} \forall y^{\tau_1} A'(x,y)$ について，型 σ_1 の計算可能汎関数 φ が存在し，x を φ とおいたときに，y^{τ_1} が何であっても $A'(x,y)$ がつねに正しい．

このときの「正しい」は通常の意味で正しい，ということである．x と y が計算可能汎関数であるとき，$A'(x,y)$ は，自然数に関する等号，計算可能な汎関数および命題論理の記号のみから構成されているので，その真偽が判定できる．φ は，A の証明の複雑さに関する帰納法で，実際に構成される．

この結果から体系 HA の無矛盾性が導かれる．たとえば $0=1$ が HA の定理であると仮定してみよう．論理記号がないので $(0=1)^D$ は $0=1$ そのものである．もしこれが HA の定理ならば，それは正しいはずだ．ところが $0=1$ は明らかに偽なので，HA では証明されないはず．ということで，構成的算術の体系の無矛盾性が証明された．

ゲーデルがダイアレクティカ解釈を提案した意図は，ふつうの自然数論の体系，すなわち PA の無矛盾性を示す手段としてだった．$0=1$ についてはゲーデル解釈でも $(0=1)^G$ が $0=1$ そのものなので，もし $0=1$ が PA の定理ならば，それは HA の定理になる．それは不可能であることが示されている．ゆえに PA は無矛盾だ，ということになる．

ゲーデルによる PA の無矛盾性証明はこのようにして，HA の無矛盾性証明を経由して実行された．HA のダイアレクティカ解釈による無矛盾性証明の論法が直接 PA では通用しない理由は，たとえば排中律 $A \vee \neg A$ のダイアレクティカ解釈を実現する汎関数が一般には存在しないことにある．他方 $(A \vee \neg A)^G$ は HA の定理であり，ゆえにそのダイアレクティカ解釈，すなわち $((A \vee \neg A)^G)^D$ は計算可能汎関数で実現できる．

以上の無矛盾性証明において厳密な意味での有限の立場を越えるのは，ゲーデルの汎関数が実際に計算可能だ，という部分だけである．その計算可能性

証明は，後日ハワード，日向茂らによって実行された．その証明手段はゲンツェンの PA の無矛盾性証明に使われた順序数 ε_0 である．当然のことながら，ゲンツェン流でもゲーデル流でも PA の無矛盾性証明に必要な手段は同じ，ということになる．

　それならばなぜゲーデルはこのような別証明を与えたのか？　私見では，やはりゲーデルは証明論に関心があったのだと思う．厳密な意味での有限の立場で無矛盾性証明はできなくても，それを越えてしかし有限の立場に近い，関係者を納得させることのできる無矛盾性証明のための原理を，求めたのではないだろうか．ゲーデルの汎関数の計算可能性証明は数学的にも興味深いものであるが，ダイアレクティカ論文にこめられた意図は，計算可能汎関数に無矛盾性証明の根拠をおくことだったものと考えられる．その意味では，もっと強力な算術の体系の無矛盾性証明の根拠となる同様な原理を求めていた，と推測したくもなる．

　ここで竹内の有限の立場の思想と重なるのかもしれないが，竹内はゲーデルのような明確な原理は提案していない．竹内流証明論の集大成というべき著書 [Takeuti 1987] のなかで，ε_0 までの超限帰納法の妥当化のための原理「エリミネータ (eliminator)」が提案されている．しかしそれはある種の手続きを定義しているのであって，一つの原理としてまとまっているようには見えない．「エリミネータ」をゲーデルにならってある種の汎関数でおきかえれば分かりやすくなるのに，と，私はひそかに思うけれど，竹内はおそらく無矛盾性証明の基盤を数学的に定式化してしまいたくないのだろう．

　なお，以上のゲーデルの考察については [竹内・八杉 1988] に解説してある．

　ダイアレクティカ論文を勉強して，私は A と A^D の同値性の形式的な証明をしたかった [Yasugi 1963]．それには，構成的算術の体系を HA から拡張しなければならない．すなわち，各有限の型をもつ変数やゲーデルの計算可能汎関数について言及できるように，記号や記号列による表現を増やし，それらについての性質を記述する必要があった．また，論理式 A のダイアレクティカ解釈 A^D がもとの A と同値になることが体系のなかで証明できるように，いくつかの性質，すなわち公理の添加が必要だった．それらは AC, IP_0, M として知られている論理的原理であった．この拡張された体系を $\mathbf{S}$ と名づ

けておく．

　詳細には立ち入らないが，AC, IP$_0$, M の簡単な説明を付しておこう．以下で公理は簡略化された形で書く．

　AC は「選択公理 (axiom of choice)」であり，$\forall x \exists y A(x,y)$ と $\exists z \forall x A(x, z(x))$ の同値性を意味する．IP$_0$ は「前提独立の図式 (Independence-of-premiss schema)」として知られている公理で，つぎの形である．

$$(A \Rightarrow \exists x B) \Rightarrow \exists x (A \Rightarrow B)$$

ただし，A は $\forall$ のみの量化記号を冠頭にもつ，という制限がある．

　M は「マルコフの原理 (Markov's principle)」と呼ばれており，つぎの形である．

$$\neg \forall x A \Rightarrow \exists x \neg A$$

ただし，A は IP$_0$ の場合と同様の制限を満たすものとする．

　IP$_0$ と M は，古典論理では当たり前のことであり，他方直観主義論理では一般には導かれない．それにもかかわらずこれらの公理（選択公理も含めて）を導入するのは，それらがまさにダイアレクティカ解釈の意味づけになっているからである．すなわち HA の論理式 A について，A と A^D の同値性が S で証明される．

　拡張された体系 S の論理式 A にもダイアレクティカ解釈 A^D は定義され，しかも A^D も体系 S の論理式になる．A と A^D の同値性は体系 S 内で証明できる．さらにダイアレクティカ論文のゲーデルの定理が，体系 S でも成り立つ．その証明にはいくつかの工夫が必要であるが，本質はゲーデルの手法でまにあう．この事実は，こうして拡張された体系 S が「ダイアレクティカ解釈に関して完全な体系である」と表現される．

2.2.5　構成的算術体系のいろいろな解釈と応用

　前述のように，クライゼルが無反例解釈という方法でゲーデルと類似の考察をしている．そこで前記三つの公理 AC, IP$_0$, M によってダイアレクティカ解釈の説明がつくことを示唆している．

その他 1973 年までの直観主義数学体系に関する研究はトレルストラの講義録「直観主義的算術と解析の数学的研究」[Troelstra 1973] に詳しく包括的に書かれている．

ダイアレクティカ論文を紹介されたとき，竹内先生は「ゲーデルはゲンツェンの自然数論の無矛盾性証明を分析して，この結果を得たそうです」と言われた．しかし「詳細は分からない」ということであった．先にも述べたように，ゲンツェンは 1936 年と 1938 年に自然数論の無矛盾性の論文を発表している [Gentzen 1936; 1938]．私はそのうちの 1938 年の無矛盾性証明を分析して証明論的にダイアレクティカ解釈の説明ができないものか，と考えたことがあったが，続かなかった．テイトの解説を見て，1936 年の無矛盾性証明を見直すべきか，と思う．

構成的算術体系の解釈の先駆けとしてクリーネの「再帰実現解釈 (recursive realizability interpretation)」がある．数学基礎論の古典である『メタ数学入門』[Kleene 1952] にも解説してあるが，これは再帰的関数による論理式の解釈である．

ダイアレクティカ解釈についても再帰実現解釈についてもその後種々な変形が提案された．それぞれの目的にあった解釈が必要だからである．これは言い換えると，純粋な構成的算術体系に，場合によっては構成的にも認められる古典論理的原理のうちどれを付け加えるか，という自由度があることを物語っている．

いずれにしても，ゲーデルが示したように，構成的算術体系における定理証明から，定理がその存在を主張するオブジェクトを得るためのアルゴリズムを，ゲーデルの計算可能汎関数として抽出できる．無矛盾性という基礎論的な関心事からアルゴリズム抽出という方向に目を向けたとき，ゲーデルやクリーネやクライゼルの構成的算術の解釈は，計算機科学と結びついていった．私はその方面にうとかったので，1970 年代に自分の論文が計算機科学の論文に引用されているのを見て驚いたものだ．計算機科学はこのような論理的基礎から出発したのかもしれないが，その後独自に目覚しい発展を遂げた．それはまたロジシャンに論理体系についての新しい見方を，したがってその新しい研究方向をも，もたらした．

構成的体系の解釈とその汎関数による実現の計算機科学への応用は，いわゆる「論理式は型，証明はプログラム (formulae-as-types and proofs-as-programs)」という発想が基盤になり，1970年代から1990年代にかけて盛んに研究されたようである．そういう視点に立てば，論理式はたしかに型に見えるし，証明図はプログラムに見えてくるものだ．すなわち，論理式はプログラムの仕様であり，したがって求めるプログラムの型を表す．証明を上から順に探索していくと，そこに仕様を満たすべき計算アルゴリズムが見えてくる．そのアルゴリズム（プログラム）が仕様を満たす，というのはそのアルゴリズムが論理式の解釈を実現できることに相当する．ここで「プログラム」を「汎関数」で置き換えると，この考え方は証明論においても役に立つ．汎関数から逆に証明を構成することもできる．

　論理式の解釈は証明論でも活躍してきた．たとえば無矛盾性証明に使われる順序体系の到達可能性証明にある種の汎関数を使うことがあるが，その際の解釈はクライゼルの「変形実現可能解釈 (modified realizability interpretation)」を基礎にするのが自然である．私は「Π_1^1-算術の体系」の無矛盾性証明に使われる順序体系の到達可能性証明に関わっているうちに，自然にこのような解釈に行き着いた．

　遡って，ゲーデルのダイアレクティカ論文の出版後まもなく，スペクタがダイアレクティカ解釈の実数論の体系（2階算術体系）への応用を提示した [Spector 1962]．ダイアレクティカ論文の手法を2階論理式に適用したもので，まず計算可能汎関数を有限型のバー (Bar) 汎関数というものに拡張する．これによって，自然数の集合の存在を主張する「内包公理」を解釈できるようにするのである．これは大変興味深い成果であったが，スペクタはこの論文を最終的な形にする前に若くして急死してしまった．「この研究にはクライゼルも協力し彼が仕上げたが，スペクタの名義で出版することになった」という意味のゲーデルの注釈がある．

　時代が下がって，1970年代にジラールが現れた．証明論についての斬新なアイディアをつぎつぎ提示し，多くの研究者がそれらの理論を継承している．
　ジラールは発想豊な人であるが，ここでは2階算術の解釈について触れておこう．それは『証明と型』[Girard 1989] という本にある．ジラールの講義

を他の著者たちが英訳し，付録をつけたものである．この本は基本的な論理の知識があれば読むことができ，しかもジラールの当時の考え方の最先端まで知ることができる，楽しい本だ．絶版になっているが，オンラインで供給されている（文献参照）．

この本でジラールはカリー・ハワード同型の説明，ゲンツェン流の論理体系の説明，を経て，ゲーデルの汎関数の体系 T の（非常に強い）拡張である体系 F を定義し，2 階算術の解釈の実現を示す．いわばダイアレクティカ論文の 2 階版だ．もちろんそのためには大きな飛躍が必要であった．

2.3　数学のなかのアルゴリズム

構成的数学と似て非なるものに「解析学における計算可能性 (computability in analysis)」と呼ばれる研究分野がある．この用語は一定しているものではなく，「計算可能解析学 (computable analysis)」という人もいる．その大筋の方向性は，解析学に内在する計算概念を，解析学の諸概念や定理との関連で明らかにしよう，というものだ．その手法はさまざまであり，計算概念も一通りではない．研究対象が計算可能なオブジェクトであることは構成的数学と同じである．二者の一番の違いは，計算可能解析学では，証明手法は自由，すなわち通常の古典論理を縦横に駆使してよい，という点にある．「構成的原理で数学を展開する」というように方向が定まっているものではない．では二つの数学はまったくちがうものかというと，そんなことはない．計算可能解析学は，計算可能性という制限のもとに数学を実行するので，構成的数学の手法は参考になり，同じような問題点に遭遇する．相互の理論的関係はまだ手探りの状態だ．なぜ「解析学」と限定するのか，というと，ここでいう計算可能性とは連続体上のオブジェクトや操作に関するものなので，基本的に解析学の領域なのである．数学は分野ごとに孤立しているわけではないから，他の領域にも関連していることは言うまでもない．

計算可能解析学の構成的数学とのもう一つの相違は，思想的な色彩が少ない，ということである．数学の基礎付け，という発想は皆無といってよい．形

式的論理学も一手法としては採用されるが，論理体系とは無関係な研究のほうが多い．むしろ解析学の一分野としてみるほうが妥当であろう．たとえば実数のなかで代数的数の特徴を研究したりするのと同じように，計算可能実数の特徴を研究する．連続関数の性質を調べるのと同じように，計算可能関数について研究する．要求される知識や技術のほとんどは解析学のものなのだ．それではなぜここにこの話題をとりあげるのか？

実際に数理論理学を使わないにしても，数学における計算可能性を問題にする，ということは，ある種の限定的な原理に基礎をおいて数学を研究することになる．このことは，整数上の関数のうち再帰的関数を研究する，とか，実数の部分体系において内包公理を論理的に限定されたものについてのみ認める，など，数理論理学での発想と関連している．すべての基礎になるのが整数（自然数）上の再帰的関数である．ゲーデルの不完全性定理の基礎になったのが，再帰的関数であった（実際に不完全性定理に必要なのは原始再帰的関数で十分であったが）．不完全性定理の帰結として，数学の健全な形式的体系のなかでは数学のすべては妥当化できない，ということが理解されてから，数学についての考察を形式的体系から離れて行うようにもなった．その一環が，「解析学における計算可能性」なのである．

実数や実数上の連続関数の計算可能性について誰が最初に考えだしたのか，歴史的なことは知らないが，1960年代前半には基礎的な概念についてのいくつかの定理が得られている．不連続関数にまで拡張された計算可能性の理論が輩出したのは1980年代であり，ゲーデル没後10年くらいのことだ．

解析学における計算可能性というのは，離散構造上の計算可能性の，連続体版なので，私は「連続体上の計算可能性」と名づけている．離散から連続への移行では，離散構造の要素の列の「極限」という本質的な飛躍が必要である．たとえば実数は有理数のコーシー列の極限である．有理数のコーシー列を実数とみなす，といってもよい．同様に，連続体上の計算可能性とは，離散計算可能列の「計算可能な極限」となる．たとえば計算可能実数は有理数の再帰的列の極限であり，その収束率が再帰的関数で与えられる（「実効的な極限」である，という）．

連続体上の計算可能性問題は直接数学の基礎にも不完全性定理にも関わる

ものではない．しかし，その基になる再帰的関数論は，もともと数学基礎論の文化から発生したものだ．計算のアルゴリズムを与え得ることが数学を実体化するものだ，という 19 世紀の精神，ヒルベルトの「有限の立場」，ゲーデルの手法の基盤，それらはすべて自然数上の関数の再帰性とつながっている．再帰性の正確な表現は，その後テューリングによって確立されることになった．

ゲーデルもヒルベルトも現実の数学そのものに全面的な信頼をおいていたものと思う．しかしそのなかに，再帰的関数以外は通常の数学の手法で研究できる計算機構を発見するという発想は，証明論と同じように，数学の基礎付けという強迫観念から解放された後に自ずと発生したものではないだろうか．ヒルベルト・ゲーデルを乗り越えて発生し，しかも 19 世紀的アルゴリズムの世界でも受け入れられると想像され，さらに現場の数学者たちと共通の言語で語り合える，この基礎論の子孫について，ぜひ言及しておきたい．

2.3.1 計算可能実数と計算可能連続関数

解析学における計算可能性研究では，実数の計算可能性と実数上の連続関数の計算可能性が出発点になるが，これらが現在の形に整備されたのがいつごろなのかについては調べたことがない．私が正確な定義を知ったのはプール－エル・リチャーズの本 [Pour-El and Richards 1989] によるのだから，1980 年代の終わりである．1970 年代からのプール－エル・リチャーズの仕事の集大成ともいうべき著書である．その導入部分はおそらくスペッカーの一連の研究が基になっているのだろう．

この本は再帰的関数についての初歩的知識さえあれば通常の数学の知識で読める．ていねいに書かれていて楽しい本だ．プール－エルさんとの親交とこの本との出合いによって，解析学の計算可能性理論に導かれたことは，私にとって非常に幸いだった．

プール－エルさんは物理学科の出身であり，大学院時代に偶然のことから再帰的関数理論 (recursion theory) に興味をもった女性である．「解析学と物理学における計算可能性」の総合的理論を展開できたのは，そのようなバックグラウンドが生きたからであろう．

私がこの本に多大な興味をもった理由は，証明論にも関係することなので，

一言触れておきたい．無矛盾性証明の研究で自分なりに一段落したときに，改めて考えたことがあった．数学の形式的体系について，無矛盾性証明という標語のもとに研究をしてきたが，その体系内で実際にどのような数学が「どのような形で」展開されるのだろうか，という漠然とした疑問がわいてきたのである．形式的体系は実際の数学と直接結びつかなければ，砂上の楼閣みたいなものだ．それが不完全であろうと無矛盾であろうと，数学とは縁遠い事象になってしまう．

同じ発想であったのかどうか分からないが，1960年代からフィファーマンが「可述的数学」を展開していた．自然数論の体系にその言語の論理式で定義される（可述的）自然数の集合の存在のみを公理として付け加えたのが，可述的体系であり，そこで展開できる数学が，可述的数学と呼ばれる．後に竹内も可述的数学を実行した．少し時間をかけて数学の証明の形式化をしてみれば分かることだが，数学の基礎的なかなりの部分が可述的である．

私は可述的体系に，可述的な論理式に再帰的定義を適用する公理を加えて，さらに数学を展開してみた．しかし可述性はなにか中途半端な気がした．多くのことはもっと弱い原理で実行できそうだし，逆に可述的再帰定義の極限が必要なこともある．そのような迷いがあったときに，プール–エルさんに，本人とその本に，出会った．実はプール–エルさんにははるか昔から折に触れて出会っていたが，そのころには二人の興味が遠かった．1980年代後半になって二人で議論し互いに知識を交換していくうちに，数学に内在する計算可能性の魅力にとりつかれ，証明論研究を捨ててしまったのだ．といっても可述的数学への興味と無縁のものではない．論理的に可述性よりも弱い再帰的関数の理論を基礎にして，数学を展開する，ということなのである．

計算可能実数と計算可能連続関数の定義は，この分野の基本なので，簡単に解説しておこう．日本数学会発行の『数学』に掲載された八杉・鷲原による論説を参考にする（文献はその英訳）[Yasugi and Washihara 2000]．

実数が有理数のコーシー列として表現されるのは周知のことだ．この事実の計算可能版（実効版）は，その有理数列が再帰的であることを要求し，近似（収束）の度合い（収束率）がやはり再帰的である，というものである．すなわち，実数 x が計算可能とは，x が再帰的有理数列 $\{r_k\}$ で近似され，あ

る再帰的関数 α について「$k \geq \alpha(p)$ ならば $|x - r_k| < \frac{1}{2^p}$ となる」ことである．再帰的収束率による収束・極限を「実効的」収束・極限という．有理数列 $\{r_k\}$ が再帰的とは，各 k に対して r_k が計算できることをいう．

計算可能性において有理数列の再帰性は当然予期されると思うが，収束率まで再帰性を要求するのは，計算可能なオブジェクト全体について有意義な数学的理論を展開できるためにはそれが必要であり，自然な要求だからである．再帰的関数によって支配されるのだから，当然ながら計算可能実数は可算個しかない．それでもあたかも計算可能実数の集合が連続体をなすかのように，解析学がその上で展開されることは興味深い．

計算可能実数について特徴的な事実がある．x が計算可能実数であるとき，もしも $x > 0$ または $x < 0$ が実際に成り立っているならば，その事実は有限回の手続きで判定できる．他方実際には $x = 0$ のときには，その事実を有限回の手続きで示す一般的な方法はない．

実はこの事実が，「厳密な意味の有限の立場」と，その先との分岐点なのである．$x > 0$ の判定アルゴリズムは，それが事実であれば，存在する．$x = 0$ は，再帰的アルゴリズムの極限である，極限再帰的関数を使わないと一般には判定できない．一歩一歩の階段は確実に行き方が決まっているが，最終的にどこに行き着くか，は天国にジャンプして見下ろさないと分からない，という仕組みになっている．無矛盾な体系の無矛盾性証明はちょうどそのジャンプを必要としている．

個々の実数について，それが計算可能であるという事実の証明は，たとえばそれが有理数だから，とか，数学のある定理から導かれる，というような超限的な方法でもよい．したがってある性質をもつ計算可能実数があるか，という問に対して「ある」と答えることはできても，それを実際に求める具体的な手段はないかもしれない．それでも「ある」という答は認める．その点が，計算可能数学が構成的数学とは根本的に異なるところだ．

他方実数列を扱わなければ意味のある数学はできない．そのために個々の実数のみでなく，実数列の計算可能性も問題になる．というわけで，実数列の計算可能性の定義が必要になる．実数列 $\{x_n\}$ が計算可能とは，それを近似

する有理数の再帰的2重列 $\{r_{nk}\}$ があり，n と k に関して再帰的な収束率がある，ことである．計算可能な実数列の実効的極限，すなわち再帰的収束率をもつ極限，は再び計算可能実数になる．このようにある数学的事実について，関係する有理数列や収束率などが再帰的関数で支配されているときに，その事実を「実効的」という．この表現によれば，解析学で重要な「極限」概念が実効的に扱える．

　上のような定義で，自然数と有理数は計算可能である．よく知られている実数，e や π，$\sqrt{2}$ などは計算可能である．再帰的な整数列と有理数列は，計算可能実数列である．教科書に出ているような数列の例，たとえば $\{\frac{1}{2^n}\}$，$\{\sqrt{n}\}$，などは計算可能である．

　収束率や連続率などについての「実効性」が計算可能性のキーとなる．すなわち，道具は再帰的関数ただ一つ．われわれは計算可能解析学という特別なことをするつもりはなく，通常の解析学を「実効的」に実践するだけなのである．

　関数の計算可能性について，簡単のために端点が計算可能実数である閉区間，たとえば $I = [0,1]$ 上の連続関数 f を考えよう．コンパクト区間上であるから，f は一様連続である．

　f の計算可能性とはどういうことか．まずは計算可能な実数 x については $f(x)$ も計算可能な実数であることは要求すべきだろう．ただし，たとえば x が計算可能ならば $f(x)$ は有理数である，という情報しかない場合には x から $f(x)$ を「計算する」ことができるとは限らない．実際に x の情報を使って $f(x)$ を計算できるためには，個々の x によらない一般的な $f(x)$ の計算方法を与えなければならない．この要請はつぎのように述べることができる．「任意の計算可能実数列 $\{x_n\}$ について，関数値の列 $\{f(x_n)\}$ は計算可能実数列である」．この性質を f の「列計算可能性」と呼ぶ．

　1937年にバナッハとマズールが提案した関数の計算可能性はこの列計算可能性だったようで，「バナッハ・マズール計算可能性」とも呼ばれている．列計算可能な関数が計算可能実数上では連続になることが1963年にマズールによって証明されているが [Mazur 1963]，その連続性の実効性が保証される

わけではない．そのようなわけで，実効性をともなう有意な解析学の展開には，関数の「実効的連続性」を仮定するのが妥当である．

このようなさまざまな状況から，プール–エル・リチャーズ理論では，I 上の f の計算可能性の条件として，列計算可能性とともに，「実効的一様連続性」，すなわち，f は I 上で一様連続で，その一様連続率が再帰的関数で得られる，という要請を加えている．この定義を実数全体や開区間に拡張することは容易である．さらに関数列 $\{f_l\}$ の計算可能性は，上記 2 要請における収束率と連続率が l に関しても再帰的である，とすればよい．

この定義にしたがえば微分積分学における周知の関数，たとえば計算可能係数をもつ多項式，べき乗，三角関数，対数，などはすべて計算可能である．計算可能関数の不定積分は計算可能関数であり，その計算可能な区間での定積分は計算可能実数になる．微分については，たとえ導関数が連続であっても計算可能性が保存されるとは限らないが，2 回連続微分可能な関数については，計算可能性が保存される．このように関数の計算可能性と関数の滑らかさとは密接な関係にある．

I 上の計算可能関数の最大値と最小値は計算可能実数である．計算可能関数列については，その最大値の列は計算可能実数列になる．

列に拡張できない，すなわち，一つの数は計算可能であると証明できるが，それを得る一般的な方法がない例として，中間値の定理がある．f が I 上の計算可能関数で，$f(0) < 0 < f(1)$ であるとき，$0 < x < 1$ で $f(x) = 0$ となる計算可能な x が存在する，ということをつぎのような論法で示すことができる．x として有理数がとれるとすれば，それは計算可能である．有理数でそのような x がないとすれば，区間 I から始めて，区間 2 分法を繰り返して，ある種の 2 進有理数の再帰的コーシー列 $\{r_n\}$ を得る．しかも $\{r_n\}$ は実効的に収束する．このとき収束先 x は計算可能実数になり，$f(x) = 0$ となる．ゆえにいずれにしても計算可能な中間値が存在する，といえる．$\{r_n\}$ はたとえば $f(\frac{1}{2}) > 0$ または $f(\frac{1}{2}) < 0$ にしたがって，決まっていく．

この証明全体が実効的でないのは明らかであるが，他にも証明の方法があるかもしれない．しかしこのような x を具体的に得る一般的方法はない．中間値の列が計算可能になり得ない I 上の計算可能関数列がつくれるからだ．

それでも計算可能解析学では1個の関数に対する中間値の定理は有意義と考える．他方，f から x を求める具体的方法がないために，中間値の定理そのものは構成的数学の定理としては認められない．

区間 I 上の関数列の収束は最大値ノルムで定義する．そのノルムによる計算可能関数列の実効的な収束先は計算可能関数になる．

これらの定義と事実から，連続関数についての「ワイエルシュトラスの近似定理」の実効化が成立する．すなわち，任意の計算可能関数は（I 上で）有理多項式の計算可能列（係数の組の列が有理数列として再帰的）で実効的に近似される．たとえば，$\sin x$ は $x = 0$ の近傍では

$$f_m(x) = \sum_{n=0}^{m} \frac{(-1)^n}{(2n+1)!} x^{2n+1}$$

の極限であることは知られているが，この多項式列は計算可能であり，$\sin x$ に実効的に収束する．

2.3.2 不連続関数の計算可能性

関数の計算可能性は，関数値を有理数列でうまく近似できることがポイントなので，連続性の仮定は自然だ．しかし，たとえば，ガウス関数の名で知られている，最大整数値関数 $[x]$ はどうだろうか．$[x]$ は x を越えない最大整数値である．たとえば $[-2.2] = -3$，$[1.2] = 1$ となる．当然各整数点 n で不連続になる．他方つぎの整数までの区間 $[n, n+1)$ では連続である．ガウス関数を描画せよ，といわれたらどうするか？　まず整数点 n で関数値 n をプロットし，$n+1$ のわずか手前まで $y = n$ の直線を引くだろう．つまり「$n \leq x < n+1$ のとき $[x] = n$」というふうに計算し，そのように描画する．人は苦もなくこれらの作業をする．不連続点があっても，$[x]$ はわれわれにとっては計算可能なのだ．計算可能性定義などなんのその，である．関数 $x - [x]$ も同様だ．

これらの関数の特徴は，「区分的連続関数」であり，不連続点全体が計算可能な実数列（$[x]$ の場合は整数列）をなし，計算可能実数における関数値は計算可能実数である，ということにある（とくに $[x]$ では関数値はすべて整数

なので，当然計算可能）．では，計算可能性の定義をこのような関数に理論的に拡張できるだろうか？

連続な場合の定義そのものの適用は当然無理だ．「実効的に連続」の条件が実効的以前に破られている．ではせめて列計算可能性が成り立てば，と望みたくなるが，これがまた崩れる．このような事態の根源は前述の $x=0$? の判定不可能性による．たとえば，$x=0$ で不連続な関数の $x=0$ における値を計算するには $x=0$? の判定が先立つ．それが実効的に判定できないことから列計算可能性は保証されない．

それでは，われわれが自然に計算できる上述のような関数についての計算可能性概念は，どのように定義したらよいのだろうか．

不連続関数の計算可能性理論は，連続関数に適用された場合に，もとの計算可能性に戻るべきことは当然である．

プール－エルとリチャーズは著書のなかで，「関数空間の一点」としての（不連続）関数の計算可能性概念を提案した．計算可能な関数列の，「関数空間のノルムに関する実効的極限」として定義するものである．自然に考えられる関数の多くは，ある関数空間において計算可能となる．プール－エル・リチャーズを受け継いで日本でも多くの関連研究が行われている．

この手法は美しく，有効であり，今後の発展が期待される．ただし関数空間におけるノルムは多くの場合，積分などでいわば不連続点での関数値を無視することによって定義される．したがって前述のように不連続点でまず関数値を計算する，という人間の自然な行為は反映されていない．

では，不連続点で関数値を計算し，残りの連続な区間では連続関数の計算可能性を適用する，という人間の知的行為を反映する数学的理論として，どのようなものが可能であろうか．その答えは一通りではない．そのうちで私たちが提案した方法を手短に紹介して，この稿を終わろう．

一つは，関数の定義域の位相を変えて，ユークリッド位相では不連続な関数を新しい位相では連続になるようにし，問題の関数の計算可能性を新しい位相での連続関数の計算可能性に帰着させる方法である．実際には一様位相を使う（辻井，森，八杉）．

前述のガウス関数の例では，各区間 $[n, n+1)$ をそれぞれ孤立させ，それぞ

れの区間ではユークリッド位相を保存するものとする．これによって一様位相を得る．この位相ではガウス関数は連続になり，再帰的連続率をもつ．個々の実数についてはどちらの位相でも計算可能性は変わらないが，計算可能実数列は少なくなる．そのためにユークリッド位相では破られた列計算可能性が復活する．このような状況により，ガウス関数はこの一様位相に関して計算可能である．整数点でのみジャンプする多くの関数がこの位相で計算可能連続関数になる．

　もう一つの方法は，通常のように関数値の計算を実行するが，計算結果，すなわち出力の条件をゆるめることにある．たとえばガウス関数の例でいえば，計算可能な x について，$n < x < n+2$ となる n は計算できるが，実際に $x = n+1$ であるときに，$x \geq n+1$ であるのか $n < x < n+1$ であるのかは，判定できない．しかし x のもつ情報をもとに，つぎのような役割をもつ，再帰的で極限をもつ関数 $\beta(n)$ を求めることができる．すなわち，この極限値を $n_0 = \lim_n \beta(n)$ と書くと，n_0 がたとえば 1 であるかどうかで x の位置が $x \geq n+1$ であるのか $n < x < n+1$ であるのかが決まる．このことにより $[x] = n$ なのか $[x] = n+1$ なのかが決定できる．このプロセスにしたがうと，$[x]$ に収束する再帰的有理数列の構成は可能であるが，どのくらいのスピードで近づくか，が再帰的にはいえない．その収束率は「極限再帰的関数」と呼ばれる，再帰的関数の極限として得られる．実効的収束ではないが，多少収束率の条件を緩めればよい，ということになる（Brattka，鷲原，八杉）．

　このように関数値例の計算可能性を少し広げることを認めれば，適当な条件のもとに不連続関数の計算可能性も統一的に扱うことができる．ある条件のもとでは，一様位相の方法と極限再帰的関数を使う方法において列計算可能性が一致する，という結果もある．

　連続体上の不連続関数を含む関数族の計算可能性概念については，さまざまな扱い方があるが，それらは現在進行中なので，詳細は省略する．それら相互の数学的関係の解明も興味あることだが，私は，再帰的関数のごく初歩的な知識さえあればあとは解析学の知識と技術を駆使すればよい，という方法をとりたい．計算論に習熟しないと解析学における計算可能性の研究に携われない，というのでは，いわゆる現場の数学者 (working mathematician)

が数学の一環として研究することができないだろう．それでは数学の先端までは行き着けない．ただし計算複雑度や論理的分析の研究のためには，チューリング機械理論や数理論理学の知識が必要であることを断っておく．

　いずれにしても，解析学における計算可能性というのは数学と計算の関連した魅力ある分野である．その研究のためのゆるい結びつきのグループ CCA (Computability and Complexity in Analysis) があるので，参照していただきたい[1]．

　計算可能性に限らず，数理論理学関連の研究は実際の数学と結びつき，現場の数学者と同じ言語で話ができるようでないと，孤立して衰退していくと思う．このことはしっかりと明記しておきたい．

---

1) CCA については http://cca-net.de を参照．

参考文献

[Bishop 1967] Bishop, E., *Foundations of Constructive Analysis*, McGraw Hill (1967).

[Gentzen 1936] Gentzen, G., "Die Widerspruchsfreiheit der reinen Zahlentheorie", *Mathematische Annalen*, **112** (1936), 493–565.

[Gentzen 1938] Gentzen, G., "Neue Fassung des Widerspruchsfreiheitsbeweises für die reine Zahlentheorie", *Forschung zur Logik und zur Grundlegung der exakten Wissenschaften*, new series, no.4 (1938), 19–44.

[Gentzen 1943] Gentzen, G., "Beweisbarkeit und Unbeweisbarkeit von Anfangsfällen der transfiniten Induktion in der reinen Zahlentheorie", *Mathematische Annalen*, **119**, no.1, 140–161.

[Girard 1989] Girard, J. -Y. et al., *Proofs and Types*, Cambridge Univ. Press (1989). http://www.cs.man.ac.uk/~pt/stable/Proofs+Types.html

[Gödel 1958] Gödel, K., "Über eine bisher noch nicht benützte Erweiterung des finiten Standpunktes", *Dialectica*, **12** (1958), 280–287.

[Heyting 1956] Heyting, A., *Intuitionism: an Introduction*, North-Holland (1956; 1971).

[Kleene 1952] Kleene, S. C., *Introduction to Metamathematics*, North-Holland (1952). リプリント版：Univ. of Tokyo Press (1969, 1972).

[Kreisel 1959] Kreisel, G., "Interpretation of analysis by means of constructive functionals of finite types", *Constructivity in Mathematics*, North-Holland (1959), 101–128.

[Mazur 1963] Mazur, S., *Computable Analysis*, **33** (1963), Razprawy Matematyczne.

[Pour-El and Richards 1989] Pour-El, M. B. and Richards, J. I., *Computability in Analysis and Physics, Perspectives in Mathematical Logic*, Springer-Verlag (1989).

[Spector 1962] Spector, C., "Provably recursive functionals of analysis by an extension of the principles formulated in current intuitionistic mathematics, Recursive function theory", Proceedings of Symposia in Pure Mathematics, *American Mathematical Society*, **5** (1962), 1–27.

[Tait 2005] Tait, W. W., "Gödel's reformulation of Gentzen's first consistency proof for arithmetic: the no-counterexample interpretation", *The Bulletin of Symbolic Logic* (ASL), **11** (2005), 225–238.

[Takeuti 1967] Takeuti, T., "Consistency proofs of some subsystems of analysis", *Annals of Mathematics*, **86** (1967), 299–348.

[Takeuti 1987] Takeuti, T., *Proof Theory*, North-Holland (1987).

[竹内 1998] 竹内外史『新版 ゲーデル』日本評論社 (1998). 翻訳版：*Memoir of a Proof Theorist, Gödel and other Logicians*, translated by Yasugi, M. and Passell, N., World Scientific (2003).

[Takeuti and Yasugi 1973] Takeuti, G., and Yasugi, M., "The ordinals of the systems of second order arithmetic with the provably Δ_2^1-comprehension axiom and with the Δ_2^1-comprehension axiom respectively", *Japanese Journal of Mathematics*, **41** (1973), 1–67.

[竹内・八杉 1988] 竹内外史・八杉満利子『証明論入門 [数学基礎論改題]』共立出版 (1988).

[Troelstra 1973] Troelstra, A. S., *Mathematical Investigations of Intuitionistic Arithmetic and Analysis*, Lecture Notes in Mathematics 344, Springer-Verlag (1973).

[Yasugi 1963] Yasugi, M., "Intuitionistic analysis and Gödel's interpretation", *J. Math. Soc. Japan*, **15** (1963), 101–112.

[Yasugi 1985/1986] Yasugi, M., "Hyper-principle and the functional structure of ordinal diagrams", *Comment. Math. Univ. St. Pauli*, **34**, no.2 (1985), 227–263, the opening part; vol.35, no.1 (1986), 1–38, the concluding part.

[Yasugi and Washihara 2000] Yasugi, M. and Washihara, M., "Computability structures in analysis", *Sugaku Expositions* (AMS), **13** (2000), no.2, 215–235.

用語索引

ア 行

IP₀ 199 → 「前提独立の図式」も参照
赤い本 66–68, 72, 83–85, 90
悪循環の原理 17, 19
アリストテレスの三段論法 7, 8
アルゴリズム 135, 138, 148
イエーナ大学 11
一様位相 210
1 階古典算術 186 → 「PA」も参照
1 階論理 20
一般再帰的関数 25
一般連続体仮説 177
意味論 127, 128, 132
ウィーン学団 22, 23, 47, 115, 117, 122, 124
ウィーン大学 22
AC 199 → 「選択公理」も参照
AD 62
エウブリデスのパラドクス 15
HA 192, 197
NN 85
NK 81, 85
NJ 81
NDH 78
NBG 39
M 199 → 「マルコフの原理」も参照
エリミネータ 198
LK 82, 177–179
——の基本定理 84, 179
LM 62
LJ 85
演繹法 9
ω 規則 126

ω 不完全性 51
ω 無矛盾性 24

カ 行

解析協会 6
概念 133
『概念記法』 12, 16
概念的プラトニズム 133
科学基礎論学会 88
科学経験主義 22
可述の数学 205
可述的内包公理 180
『数とは何か，何であるべきか？』 11
型 17, 61, 193
——理論 16, 17
カット 187
——除去定理 187
可能世界 150, 151
カリフォルニア大学バークレー校 4
カリフォルニア大学ロサンゼルス校 77
カールスルーエ工科大学 9
完結不可能 145, 146
——性 140, 141
還元公理 18, 116, 157
還元法 187–189
完全 21
完全性定理 24, 31, 47, 53, 86, 93, 100, 115, 116, 173, 177
カントルのパラドクス 16
カントルの連続体仮説 14 → 「連続体仮説」も参照
寛容の原則 125, 126
機械論 139, 145, 147, 152
『幾何学基礎論』 19, 21, 37, 118

『幾何的微積分』 11
記号 164, 165
　——としての機械 149, 152
『記号論理学の基礎』 24, 42
記述集合論 48, 57, 58, 61, 71
基底定理 19
帰納的関数 59, 99, 100 → 「再帰的関数」も参照
帰納法 9
ギブズ講演 132, 133, 140, 143, 147
規約 125, 129–131, 133
　——主義 113, 129, 131, 132
客観的（な意味の）数学 142, 143, 145, 146
強制法 89, 90, 99
極限再帰的関数 206, 211
巨大基数 76, 90
経験主義のふたつのドグマ 128, 132
経験的確実性 142
経験哲学協会 115
経験論 9, 129, 130
計算可能解析学 202
計算可能実数 205, 206
計算可能汎関数 189, 194, 196–198
計算可能連続関数 205
計算機科学 191, 200, 201
計算機と知能 134
形式化 164
　——可能 145, 146
形式言語 164
形式主義 37, 115, 117, 174
形式数学体系の決定不能命題 25
形式的公理化 143
形式的証明 117, 126
形式的体系 138, 141, 183–185
『形式論理学』 7
ゲッチンゲン大学 4, 11, 19
決定不可能性 136
決定不能命題 24, 94
決定問題 21
ゲーデル数 143
『ゲーデル全集』 4, 53, 59, 61, 64, 65, 76, 81, 84, 113, 116, 129, 130
ケーニヒスベルグ大学 19, 24, 51
『言語・真理・論理』 119
言語的枠組み 127, 128, 131

言語能力 152, 153
言語の選択 125
『言語の論理的構文論』 121, 122, 124–128, 131
原始再帰的算術 21
検証可能 118, 119
検証主義 119
ゲンツェンの基本定理 93, 177, 199
　——の応用 179
ゲンツェンの基本予想 177
『ケンブリッジ数学雑誌』 6
ケンブリッジ大学 6, 8, 13, 14
『広延論』 11
構成的 190
　——算術体系 197, 200
　——数学 190
『構成的解析学の基礎』 190
『高等教育のための算術便覧』 11
構文論（シンタクス） 121, 124, 127–131
　——言語 124
　——的規則 126, 130–132
　——的数学観 129, 130
公理主義 45, 157, 158
『公理の思考』 20
公理的集合論 16, 19, 52
合理的楽観主義 148
合理論 9
国際数学者会議 14
国際哲学会議 14
古典論理 189
近藤の（一意化）定理 57, 64, 79
コンピュータ 134–136, 148, 154

サ 行

再帰実現解釈 200
再帰的可算 89
再帰的関数 59, 203–208, 211
再帰的次数 89
再帰的に枚挙可能 143, 146, 150
再帰的汎関数 87, 88
再帰理論 57, 86
算術化 122, 124, 125
『算術の基礎』 13, 16
『算術の基本法則』 13, 16
GLC 82, 179, 180

式 (sequent) 177
『思考法則の探求』 8
自然数論の形式的体系 186, 187
自然数論の無矛盾性 160, 179
　　──証明 158–161
実効的 143, 207
　　──連続性 208
実在論 162, 163
実数体系 157
実数論 21, 120, 158, 159, 161
　　──の無矛盾性 14
　　──の無矛盾性証明 161
集合論 11
　　──の公理化 140
　　──のパラドクス 15, 17, 35
主観的（な意味の）数学 142–146
述語論理 136, 175, 186
順序数定義可能性 78
証明図 186
証明できる 150, 151
証明の複雑度 186
証明論 157–159, 183–186, 198
真理概念 127
真理定義 127, 128
数学解析の無矛盾性証明 162
数学基礎論 52, 54, 78, 82, 83, 88, 100, 102, 161, 162, 173, 177, 182, 200, 204
数学的確実性 140–144, 149
数学的帰納法 7, 17
数学的実在論 163
数学的真理 118, 119
数学的直観 129, 131
数学的能力 152
数学的プラトニズム 113, 114
『数学の基礎』 175
数学の基礎の諸問題 23
『数学の原理』 14, 16
「数学は言語の構文論か？」 128
『数理哲学入門』 22
『数理論理学』 3
数理論理学 3, 173, 175, 182, 191, 203, 212
スコーレムの定理 162 → 「レーヴェンハイム・スコーレムの定理」も参照
スコーレムのパラドクス 162
精密科学認識論会議 24, 51, 115

『世界の論理的構築』 121, 125
絶対的に解決不可能 145, 146
絶対的に決定不可能 147, 148
ZF(C) 38, 62, 74, 78, 79
ZFS(C) 38
ゼノンのパラドクス 15
選択公理 31, 39, 40, 46, 57, 59–61, 65, 79, 80, 89, 102, 116, 177, 199
前提独立の図式 199
相対的無矛盾性 21
「相対論と概念哲学の関係について」 129
素朴集合論 52, 173

タ 行

第 2 問題 19
ダイアレクティカ 87
　　──解釈 184, 189, 194–199
第一不完全性定理 24, 116, 118, 131, 132, 136, 158, 165
対象言語 124
第二不完全性定理 25, 117, 130, 131, 136, 140, 141, 144, 158
竹内の基本予想 177, 180, 181
単純型理論 17, 19
抽象的概念 130
抽象的な数学的概念 131, 132
チューリッヒ大学 20
超限帰納法 160, 176
『超限集合論の基礎付け』 11
超限的な数学的概念 131, 132
直観 164
直観主義 115, 125, 157, 189
　　──算術 189
　　──数学 189
　　──論理 189
ディオファントス方程式 76, 92, 95
定義 119, 120
　　──可能性のパラドクス 17
　　──による真理 118
『哲学研究』 159, 161, 166
（デデキント・）ペアノの公理系 11
テューリング機械 137, 143–146, 149–154
　　──停止問題 135
テューリング・テスト 134
統語論的に完全 116

用語索引　　217

独立命題　24
トートロジー　133
トリノ大学　11

ナ 行

内包公理　180, 201, 203
2 階算術 Z_2　20
2 階算術体系　201, 202
日本数学会　74, 79, 80, 82, 88, 93, 101
日本数学物理学会　49, 54, 80
人間の心　145, 146, 148, 149, 152, 154
人間の数学的能力　149
『認識 (Erkenntnis)』　115, 116
認知科学　154

ハ 行

排中律　189, 191
Π_1^1 内包公理　181
背理法　191
ハーバード大学　9
汎関数　194
PA　94, 95, 186, 192, 197
非可述的　162
　——定義　17, 19
　——内包公理　180
非標準モデル　165
微分方程式の「記号的解法」　7
標準モデル　164
ヒルベルト学派　121
ヒルベルトの第 10 問題　92
ヒルベルトの 23 問題　14
ヒルベルトのプログラム　117, 136, 159, 166, 175, 176
ヒルベルトの無矛盾性証明　166
ヒルベルト・ベルナイスの体系　20
formula（論理式）　178
不完全性定理　21, 31, 47, 51, 59, 84–86, 90, 94, 95, 115, 173, 175–177, 183, 184, 186　→「第一不完全性定理」「第二不完全性定理」も参照
不動点定理　121
不変式論　6
『普遍代数学概論』　13
プラトニズム　147

ブラリ・フォルティのパラドクス　15, 16
『プリンキピア・マテマティカ』　9, 13, 14, 18, 76, 116, 173
プリンストンの高等研究所　25
ブール代数　9, 48
『フレーゲからゲーデルへ』　3
不連続関数の計算可能性理論　210
分岐型理論　18
分析性　132
分析的　125
　——真理　118, 119, 127, 128, 133
　——命題　118, 119
ペアノ曲線　11
ペアノ算術　22, 94, 95, 143, 146　→「PA」も参照
ペアノの五つの公理　120
ペアノの公理　11, 42, 44, 50, 116
ベクトル空間　11
ベリーのパラドクス　17
ベルリン大学　10
保存的拡大　130, 131

マ 行

マルクス主義的唯物論　163
マルコフの原理　199
未定義概念　118
無限公理　116
無尽蔵性　140, 142
無反例解釈　190
無矛盾（性）　21, 38, 130, 132, 137, 138, 141–144, 165, 187, 192, 197
　——証明　117, 157, 159, 183–186, 188, 189, 197, 198
　——プログラム　24
明示的定義　118
メタ言語　124, 128
メタ数学　122, 124
メタ論理学　124

ヤ 行

唯名論　129
有限還元性　21
有限主義　126
有限の型　189, 194, 196

有限の心　154
有限の立場　21, 176, 184, 185, 188, 197, 198
ユークリッド幾何学　19
ユニバーシティ・カレッジ　7

　ラ　行

「ラッセルの数理論理学」　129
ラッセルのパラドクス　16, 19
リシャールのパラドクス　17
理想化　151, 152, 154
　──された人間　152
理想的　153
量化記号　8, 194, 196
累積階層モデル　19
ルージンの解析集合　177
レーヴェンハイム・スコーレムの定理　164
レーヴェンハイム・スコーレムの背理　161
　→「スコーレムのパラドクス」も参照

列計算可能性　207
連続体仮説　10, 31, 59, 60, 61, 63, 65, 72, 77, 80, 85, 89, 93, 98, 102, 103
連続体上の計算可能性　203
ロジック　3, 82, 177
『論理学体系』　8
論理記号　186
論理式　186, 195, 196
論理実証主義　22, 115, 118, 119, 121, 128
　──者　120, 123, 127, 132, 133
論理主義　13, 17, 115, 157
『論理代数学講義』　9
論理的原理　185
論理的構文論　122, 123
論理的真理　118, 119
『論理哲学論考』　18, 24, 123, 124, 127, 133
『論理の数学的分析』　7

人名索引

※日本人名のうち，読みを間違えやすいと思われるものにのみ，読みがなもつけた．

ア 行

アインシュタイン Einstein, Albert 1879–1955　25, 82, 96
秋月康夫 1902–1984　72
アダマール Hadamard, Jacques Salomon 1865–1963　35
アッケルマン（アッカーマン）Ackermann, Wilhelm 1896–1962　21, 24, 42, 50, 51, 175
アディソン Addison, John West Jr. 1930–　57, 64, 86, 93
アデール Adele Göedel（旧姓 Porkert, 初婚時 Nimbursky）1899–1981　23, 25
新井敏康 1958–　101, 181
アリストテレス Aristoteles 前384–前322　5
アルキメデス Archimedes of Syracuse 前287頃–前212　42
アルツェラ Arzela, Cesare 1847–1912　45
アレクサンドルフ Alexandrov, Pavel Sergeevich 1896–1982　63
イェック Jech, Thomas 1944–　77, 98
イェンセン Jensen, Ronald B.　102
伊藤清 1915–　67, 74, 82
伊藤誠 1901–1983　48–50, 75, 81, 161
稲垣武 1911–　55, 60, 65, 75
稲葉三男 1908–1984　50
彌永昌吉（いやなが・しょうきち）1906–2006　51, 54, 81, 177
岩村聯（いわむら・つらね）1919–　65, 88
ウィトゲンシュタイン Wittgenstein, Ludwig Josef Johann 1889–1951　18, 23, 115, 122, 124, 129, 149
ヴェリチコヴィッチ Veličković, Boban　77
ヴェン Venn, John 1834–1923　8, 42
内田良道 1884–?　49, 55
ウッディン Woodin, Hugh 1955–　77
梅沢敏郎 1928–　84
エイヤー Ayer, Alfred Jules 1910–1989　119, 120
エッシャー Escher, Maurits Cornelis 1898–1972　97
エビングハウス Ebbinghaus, Heinz-Dieter 1939–　48
エルブラン Herbrand, Jacques 1908–1931　54, 59, 73, 124, 175

エワルド Ewald, W.B. 1925– 35
オイラー Euler, Leonhard 1707–1783　41
大西正男 1923–　84
オッペンハイマー Oppenheimer, J. Robert 1904–1967　90
小野勝次 1909–2001　53–55, 75, 81, 160, 161

　　カ　行

ガウス Gauss, Johann Carl Friedrich 1777–1855　11
カナモリ Kanamori, Akihiro 金森晶洋 1948–　64
カーニハン Kernighan, Brian, Wilson 1942–　98
カルナップ Carnap, Rudolf 1891–1970　23, 115, 117, 121, 131
河田敬義（かわだ・ゆきよし）1916–1993　74
川端直太郎 1910–1965　71
カント Kant, Immanuel 1724–1804　15, 118
カントル Cantor, Georg 1845–1918　10, 11, 13, 15, 33–36, 55, 61, 63, 65, 77, 90, 173, 174
菊池大麓 1855–1917　40
紀晃子（きの・あきこ）1934–1983　88
キャロル Carroll, Lewis (Charles Lutwidge Dodgson) 1832–1898　9
功力金二郎（くぬぎ・きんじろう）1903–1975　50, 55, 60, 75
クライゼル Kreisel, Georg 1923–　89, 100, 101, 185, 190
グラスマン Grassmann, Hermann Gunter 1809–1877　11
倉田令二朗 1931–2001　95
グラタン・ギネス Gurattan-Guinnes, I.　36
クラトウスキ Kuratowski, Casimir 1896–1980　71
クリーネ Kleene, Stephan Cole 1909–1994　25, 59, 68, 77, 86, 100, 101, 200
グレゴリー Gregory, Duncan Farquharson 1813–1844　6, 8
クロスリー Crossley, John, N. 1937–　99
黒田成勝（くろだ・しげかつ）1905–1972　31, 49, 51, 52, 55, 65, 74, 75, 81, 156
クローテ Clote, Peter　101
クワイン Quine, Willard van Orman 1908–2000　128, 132
ゲーデル Gödel, Kurt 1906–1978　諸所
ゲーデル（ルドルフ）Rudolf Gödel 1902–1992　100
ケーリー Cayley, Arthur 1821–1895　7
ゲンツェン Gentzen, Gerhard Karl Erich 1909–1945　22, 54, 73, 80–82, 84, 88, 93, 159–162, 176, 177, 179, 184, 187, 188, 198
コーエン Cohen, Paul Joseph 1934–　89, 93, 99, 102
コーシー Cauchy, Augustin Louis 1789–1857　10
コッファ Coffa, Alberto J.　121
ゴールドバッハ Goldbach, Christian 1690–1764　116
ゴールドファーブ Charles F. Goldfarb　130, 131
近藤基吉 1906–1980　31, 46, 50, 55, 75, 79, 80, 89, 90, 93
近藤洋逸（こんどう・よういつ）1911–1979　31, 72, 159, 161, 163, 165

人名索引　　221

サ 行

サックス Sacks, Gerald E. 1933- 90
三瓶与右衛門（さんぺい・よえもん）1917-1974 64, 81
ジェヴォンズ Jevons, William Stanley 1835-1882 9, 41, 42
シェークスピア Shakespeare, William 1564-1616 10
シェーンフィンケル Schönfinkel, Moses I. 1889-1942? 48
島内剛一（しまうち・たかかず）1930-1990 88
下村寅太郎 1902-1995 81
シャピロ Schapiro, S. 143
シュヴァレー Chevalley, Claude 1909-1984 59
シュッテ Schütte, Kurt 1909-? 180, 185, 189
シュミット Schmidt, A. 48
シュメッテラー Schmetterer, Leopold 1919- 100
シュリック Schlick, Moritz 1882-1936 22, 129, 131
シュレーダー Schroder, Friedrich Wilhelm Karl Ernst 1841-1902 4, 9, 11, 12, 36
ジョルダン Jordan, Camille 1838-1922 40, 46, 53
ショーンフィールド Shoenfield, Joseph Robert 1927-2000 3, 4, 86, 92
白石早出雄 1896-1967 50, 53
ジラール Girald, Jean-Yves 1947- 192, 201
シルピンスキー Sierpinski, Waclaw 1882-1969 62
シルベスター Sylvester, James Joseph 1814-1897 6
末綱恕一（すえつな・じょいち）1898-1970 51, 79, 80, 88, 157
菅原正夫 1902-1970 69
スコット Scott, Danna S. 1932- 79, 91
スコーレム Skolem, Thoralf Teodor Albert 1887-1963 9, 19, 48, 74, 80, 162
スースリン Suslin, Mikhail Yakovlevich 1894-1919 62, 63
スティルチェス Stieltjes, Thomas Joanes 1856-1894 48
スペクタ Spector, Clifford 1930-1961 192, 201
赤攝也 1926- 85, 86, 88
ソロヴェイ Solovay, Robert M. 1938- 61, 62, 77, 90, 94, 95

タ 行

タウスキー・トッド Taussky-Todd, O. 1906-1995 101
高木貞治 1875-1960 32, 42-44, 49, 50, 52, 56, 59, 68, 73, 75
高野道夫 1947- 88
高橋昌一郎 1959- 51
高橋元男 1941- 83, 93, 180
高山樗牛（たかやま・ちょぎゅう）（林次郎）1871-1902 41
竹内外史 1926- 31, 79, 81, 82, 84, 89, 90, 93, 96, 98, 100, 185, 188, 189
田辺元（たなべ・はじめ）1885-1962 44, 45, 75, 156-159, 161
タルスキ Tarski, Alfred 1901-1983 4, 9, 23, 84, 96, 97, 122, 127, 128
チャーチ Church, Alonzo 1903-1995 25, 136
チャルマーズ Chalmers, David J. 1966- 138

チャン Chang, Chen-Chung 1927– 96, 98
ツェルメロ Zermelo, Ernst Friedrich Ferdinand 1871–1953 4, 6, 19, 20, 37, 38, 45, 50, 52, 57, 62, 101
柘植利之（つげ・としゆき）1926– 64
辻正次 1894–1960 53
デイヴィス Davis, Martin 1928– 59, 76, 92
ディリクレ Dirichlet, Petee Gustav 1805–1859 11, 43, 57
デイル Dales, H.Garth. 1944– 78, 103
デデキント Dedekind, Julius Wilhelm Richard 1831–1916 10, 11, 13, 34, 37, 54
テューリング Turing, Alan Mathison 1912–1954 97, 134–136
照井一成 1971– 101
ドジソン → 「キャロル」を参照
ドーソン Dawson, Jr., John.W. 1944– 51, 61, 101, 115, 117
戸田誠之助 1959– 101
トドルチェヴィッチ Todorčević, Stevo 77
ドーベン Dauben, Joseph, Warren 1944– 36
ド・モルガン De Morgan, Augusutus 1806–1871 7, 9, 42
トレルストラ Troelstra, Anne S. 1939– 200

ナ 行

中村幸四郎 1901–1986 37, 51
中山正 1912–1964 59, 75
難波完爾 1939– 65, 91
西周（にし・あまね）1829–1897 40
西田幾多郎 1870–1945 44, 80, 166
西村敏男 1926–1996 84
ニュートン Newton, Isaac 1642–1727 5, 11
ニューマン Newman, J.R. 1907–1966 86, 136, 137
ニルソン Nilson, W. 35, 106
ネーゲル Nagel, Erneste 1901–1985 86, 136, 137
ノヴィコフ Novikov, Petr Sergeevich 1901–1975 64, 93
野家啓一 1949– 166

ハ 行

ハイティング Heyting, Arend 1898–1980 50, 115, 189
ハイネ Heine, Heinrich Eduard 1821–1881 34
ハウスドルフ Hausdorff, Felix 1868–1942 63
バウムガートナー Baumgartner, J.E. 77
ハーシェル Herschel, John Frederick William 1792–1871 5
パース Peirce, Charles Sanders 1839–1914 4, 8, 11, 12
パッシュ Pasch, Moritz 1843–1930 37
パドア Padoa, Alessandro 1868–1937 14
パトナム Putnam, Hilary Whitehall 1926– 92, 137–139
花谷圭人 88

バベジ Babbage, Charles 1791–1871　6
ハミルトン（アイルランドの）Hamilton, William Rowan 1805–1865　7
ハミルトン（スコットランドの）Hamiltom, William Stirling 1788–1856　7
林晋 1953–　45
林鶴一（はやし・つるいち）1873–1935　32, 34, 40
速水滉（はやみ・ひろし）1876–1943　42
パリス Paris, Jacob Jr.　94, 95
ハーリントン Harrington, Leo, A. 1946–　94, 95
バロフ Bulloff, Jack, J.　90, 96
ハーン Hahn, Hans 1879–1934　117, 129, 131
ピーコック Peacock, George 1791–1858　5–8
ビショップ Bishop, Errett Albert 1928–1983　190
日向茂（ひなた・しげる）1938–　88
平野次郎 1909–1979　50, 52, 55, 75
平野智治 1897–1979　55, 58
ヒルベルト Hilbert, David 1862–1943　13, 14, 16, 19–25, 73, 80, 84, 92, 117, 122, 148, 157,
　159, 161, 173–176, 183, 186
廣瀬健 1935–1993　106
ファン・ダーレン Van Dalen, D.　48
ファン・ハイエノールト Van Heijenoort, J. 1912–1986　3, 4, 36, 39
フィファーマン Feferman, Solomon 1928–　4, 87, 90, 185, 205
フェルマ Fermat, Pierre de 1601–1665　116
フォン・ノイマン von Neumann, John 1903–1957　19, 23, 58–60, 64, 67, 68, 96, 101, 115,
　117, 120, 145, 175, 176
藤原松三郎 1881–1946　45
フッサール Husserl, Edmund 1859–1938　13, 16
フビニ Fubini, Guido 1879–1943　65
プラヴィツ Prawitz, Dag　180
ブラウワー Brouwer, Luitzen Egbertus Jan 1881–1966　23, 44, 45, 80, 81, 157, 189
ブラリ・フォルティ Burali-Forti, Cesare 1861–1931　15, 16, 35, 36, 73
フーリエ Fourier, Jean-Baptise-Joseph 1768–1830　48
フリードバーク Friedberg, Richard Michael 1935–　89
ブール Boole, George 1815–1864　4–9, 11, 13
フルヴィッツ Hurwitz, Adolf 1859–1919　35
プール–エル Poul-El Marian B. 1928–　204, 208, 210
古田智久　161
フルトヴェングラー Furtwängler, Philipp 1869–1940　22
フレーゲ Frege, Friedrich Ludwig Gottlob 1848–1925　3, 4, 12, 13, 16, 45, 133
フレンケル Fraenkel, Abraham Adolf 1891–1965　35, 50, 52, 62
ペアノ Peano, Giuseppe 1858–1932　9, 11, 13, 33, 37, 42, 44, 45
ベーコン Bacon, Roger 1214–1292　10
ベナセラフ Benacerraf, Paul 1931–　76, 90, 145
ベール Baire, René Louis 1874–1932　46, 57, 101
ベルナイス Bernays, Paul Isaak 1888–1977　21, 66, 67, 73, 93, 156, 161, 175
ベルンシュタイン Bernstein, Felix 1878–1956　59
ヘンペル Hempel, Carl G. 1905–1997　119, 120

ペンローズ Roger Penrose, 1931–　100, 138, 139
ポアンカレ Poincaré, Henri 1854–1912　17, 37, 38, 44, 118
ポスト Post, Emile Leon 1897–1954　79, 89
ホフスタッター Hofstadter, Douglas, Richard 1945–　86, 97
ボルツァーノ Bolzano, Bernardus Placidus Johann Nepomuk 1781–1848　10, 36, 46
ボレル Borel, Émile 1871–1956　46, 50, 57, 66
ホワイトヘッド Whitehead, Alfred North 1861–1947　9, 13, 76, 173

　　マ　行

マイヒル Myhill, John 1924–1987　79
前原昭二 1927–1992　67, 84
マカルーン McAloon, Kenneth　79
マーチン Martin, Donald A. 1940–　78, 98
マッキンゼイ McKinsey, John, Charles, Chenoweth 1908–1953　84
松本和夫 1922–　84
マティヤセヴィッチ Matiyasevich, Yurii Vladimirovich　92
マーロ Mahlo, Paul.　76
三田博雄　156, 161
ミッチェル Mitchell, Oscar Howard 1851–1889　9
ミル Mill, John Stuart 1806–1873　9
村田全 1924–　65
メシュコウスキ Meschkovski, Herbert 1909–1990　36
メンガー Menger, Karl 1902–1985　31, 51, 64
モストウスキ Mostowski, Andrzej 1913–1975　74, 102
森口繁一 1916–2003　82

　　ヤ　行

八杉満利子 1937–　88, 100
横田一正 1949–　100
吉江琢児 1874–　32
吉田夏彦 1928–　84
吉田洋一 1898–1989　45

　　ラ　行

ライプニッツ Leibniz, Gottfried Wilhelm 1646–1716　6, 8, 9, 45
ラッセル Russell, Bertrand Arthur William 1872–1970　9, 13–18, 36, 37, 49, 73, 76, 79, 157, 173
ラティヤン Rathjen, Micheal　181
ラムジー Ramsey, Frank Plumpton 1903–1930　18, 19
リシャール Richard, Jules Antoine 1862–1956　36
リチャーズ Richards, Jonathan Ian　208, 210
リッチー Ritchie, Denis M. 1941–　98
リーマン Riemann, Georg Friedrich Bernhardt 1826–1866　46

人名索引　　225

ルーカス Lucas, William F. 1933–　138, 139, 145
ルージン Luzin, Nikolai Nikolaevich 1883–1950　50, 62, 177
ルベーグ Lebesgue, Henri Léon 1875–1941　46, 62, 177
レーヴィ Löwy, H.　45
レヴィ Levy, Azriel 1936–　65, 74, 77, 79, 90, 102
レーヴェンハイム Lowenheim, Leopold 1878–1957　9, 48, 74
ロジャーズ Rogers, Hartley Jr. 1926–　86
ローゼンブルーム Rosenbloom, Paul Charles 1920–　136
ロッサー Rosser, John Barkley 1907–1989　24, 25, 39, 85, 94, 99
ロビンソン Robinson, John, A. 1930–　54, 92

ワ　行

ワイエルシュトラス Weierstrass, Karl Theodor Wilhelm 1815–1897　10, 46
ワイスマン Waismann, Friedrich 1896–1959　115
ワイル Weyl, Klaus Hugo Hermann 1885–1955　49
ワインガルトナー Weingartner, Paul　100
渡辺茂 1918–1992　86
ワン Wang, H. 1921–1995　51, 89, 139, 147, 148

執筆者紹介（掲載順．*は編者）

田中一之*（たなか・かずゆき）[序]

1955 年生まれ．カリフォルニア大学バークレー校博士課程修了．現在，東北大学名誉教授．Ph.D.
[主要著書]『数学基礎論講義：不完全性定理とその発展』（編著，日本評論社，1997），『逆数学と 2 階算術』（河合出版，1997），『数の体系と超準モデル』（裳華房，2002），『ゲーデルに挑む』（東京大学出版会，2012），『チューリングと超パズル』（東京大学出版会，2013），『数学基礎論序説』（裳華房，2019），『計算理論と数理論理学』（共立出版，2022）など．

田中尚夫（たなか・ひさお）[第 I 部]

1928 年生まれ．東京都立大学大学院理学研究科博士課程単位取得退学．現在，法政大学名誉教授．理学博士．
[主要著書・論文] "A basis result for Π_1^1 sets of positive measure", *Commentarii Mathematici Univ. St. Pauli Tokyo*, **16** (1968) 115–127, "A Property of arithmetic sets", *Proc. Amer. Math. Soc.*, **318** (1972) 521–524, 『選択公理と数学』（遊星社，1987；増訂版 2014）など．

鈴木登志雄（すずき・としお）[第 I 部]

1965 年生まれ．筑波大学大学院博士課程数学研究科中退．現在，東京都立大学理学研究科数理科学専攻准教授．博士（理学）．
[主要著書]『数学のロジックと集合論』（共著，培風館，2003），『例題で学ぶ集合と論理』（森北出版，2016），『ろんりの相談室』（日本評論社，2021）など．

飯田　隆（いいだ・たかし）[第 II 部]

1948 年生まれ．東京大学大学院人文科学研究科哲学専攻博士課程退学．慶應義塾大学文学部名誉教授．
[主要論文]『言語哲学大全』I–IV（勁草書房，1987–2002），『日本語と論理』（NHK 出版新書，2019）など．

竹内外史（たけうち・がいし）[第 III 部第 1 章]

1926 年生まれ．東京大学理学部数学科卒業．イリノイ大学名誉教授，President of Gödel Society，理学博士．2017 年逝去．
[主要著書] *Proof Theory* (North-Holland Publishing Co., 1987)，*Two Applications of Logic to Mathematics* (Princeton University Press, Iwanami shoten, Princeton and Tokyo, 1978) など．

八杉満利子（やすぎ・まりこ）[第 III 部第 2 章]

1937 年生まれ．東京大学数物系大学院修士課程数学専攻修了．現在，京都産業大学名誉教授．理学博士，博士（文学）．
[主要著書・論文] "A note on the wise girls puzzle", *Economic Theory*, **19**, issue 1. (2002) 145–156（共著），『ゲーデル　不完全性定理』（共著，岩波文庫，2006），「数学理論における接続的概念拡張——二つの様式——」，『哲学研究』599 号 (2015), 30–51, "Irrational-based computability of functions," *Advances in Mathematical Logic* (2021) Springer Nature Singapore, 181–204（共著）など．

ゲーデルと 20 世紀の論理学(ロジック) ①

ゲーデルの 20 世紀

2006 年 7 月 27 日　初　版
2022 年 8 月 10 日　第 4 刷

[検印廃止]

編者　田中一之

発行所　一般財団法人　東京大学出版会
代表者　吉見俊哉
153-0041 東京都目黒区駒場 4-5-29
電話 03-6407-1069　Fax 03-6407-1991
振替 00160-6-59964
印刷所　三美印刷株式会社
製本所　牧製本印刷株式会社

©2006 Kazuyuki Tanaka
ISBN978-4-13-064095-4

Printed in Japan

|JCOPY| 〈出版者著作権管理機構 委託出版物〉
本書の無断複写は著作権法上での例外を除き禁じられています．複写される場合は，そのつど事前に，出版者著作権管理機構（電話 03-5244-5088, FAX 03-5244-5089, e-mail: info@jcopy.or.jp）の許諾を得てください．

ゲーデルが残した茫洋たる知の遺産
田中一之［編］

ゲーデルと20世紀の論理学(ロジック)［全4巻］

● A5判・上製カバー装・平均240頁・定価各巻4180円（本体価格3800円）

① ゲーデルの20世紀
② 完全性定理とモデル理論
③ 不完全性定理と算術の体系
④ 集合論とプラトニズム